DEUTSCHE DEMOKRATISCHE REPUBLIK
DEUTSCHE AKADEMIE
DER LANDWIRTSCHAFTSWISSENSCHAFTEN ZU BERLIN

ARCHIV FÜR LANDTECHNIK

AKADEMIE-VERLAG · BERLIN

THEORIA CUM PRAXI

1965/1966 · 5. BAND

Herausgeber: Deutsche Demokratische Republik · Deutsche Akademie der Landwirtschaftswissenschaften zu Berlin

Chefredakteur: Prof. Dr.-Ing. HEINRICH HEYDE, Berlin

Redaktionskollegium: Prof. Dr.-Ing. WERNER GRUNER, Dresden; Prof. Dr. agr. Dipl.-Ing. KONRAD RIEDEL, Halle; Dr.-Ing. HELMUT REICHEL, Leipzig; Dr. agr. GERHARD MÄTZOLD, Gundorf; Dr. agr. ERICH KRAAZ, Potsdam-Bornim

Technische Redaktion: Dr. agr. JOACHIM GÜSSEFELDT, Berlin

Das „Archiv für Landtechnik" erscheint in Heften mit einem Umfang von je 5 Druckbogen (80 Seiten). Das letzte Heft eines Bandes enthält Inhalts- und Autorenverzeichnis.

Der Bezugspreis je Heft beträgt 7,50 MDN. Sonderpreis für die DDR 5,— MDN.

Die Schriftleitung nimmt nur Manuskripte an, deren Umfang 25 Schreibmaschinenseiten nicht überschreiten und die bisher noch nicht, auch nicht in anderer Form, im In- oder Ausland veröffentlicht wurden. Jeder Arbeit ist eine Zusammenfassung mit den wichtigsten Ergebnissen (nicht länger als 20 Zeilen), wenn möglich auch in russischer und englischer bzw. französischer Sprache, beizufügen. Gegebenenfalls erfolgt die Übersetzung in der Akademie.

Manuskripte sind zu senden an die Schriftleitung: Dr. agr. JOACHIM GÜSSEFELDT, Institut für Landwirtschaftliche Information und Dokumentation, 108 Berlin, Krausenstraße 38/39.

Die Autoren erhalten Umbruchabzüge zur Korrektur mit befristeter Terminstellung. Bei Nichteinhaltung der Termine erteilt die Redaktion Imprimatur.

Verlag: Akademie-Verlag GmbH, 108 Berlin 8, Leipziger Straße 3—4, Fernruf: 220441. Telex-Nr. 011773. Postscheckkonto: Berlin 35021. Bestellnummer dieses Verzeichnisses: 1043/V.

Veröffentlicht unter der Lizenznummer 1304 des Presseamtes beim Vorsitzenden des Ministerrates der Deutschen Demokratischen Republik.

Gesamtherstellung: VEB Druckerei „Thomas Müntzer" Bad Langensalza.

Inhalt des 5. Bandes

Heft 1

Heft 2

Heft 3

Autorenverzeichnis

DEUTSCHE DEMOKRATISCHE REPUBLIK
DEUTSCHE AKADEMIE
DER LANDWIRTSCHAFTSWISSENSCHAFTEN ZU BERLIN

ARCHIV FÜR LANDTECHNIK

AKADEMIE-VERLAG · BERLIN

1965 · 5. BAND · HEFT 1

Herausgeber: Deutsche Demokratische Republik · Deutsche Akademie der Landwirtschaftswissenschaften zu Berlin

Chefredakteur: Prof. Dr.-Ing. HEINRICH HEYDE, Berlin

Redaktionskollegium: Prof. Dr.-Ing. WERNER GRUNER, Dresden; Prof. Dr. agr. Dipl.-Ing. KONRAD RIEDEL, Halle; Dr.-Ing. HELMUT REICHEL, Leipzig; Dr. agr. GERHARD MÄTZOLD, Gundorf; Dr. agr. ERICH KRAAZ, Potsdam-Bornim

Technische Redaktion: Dr. agr. GERHARD MÜLLER, Potsdam-Bornim; Ing. FRITZ SCHMOLKE, Berlin

Das „Archiv für Landtechnik" erscheint in Heften mit einem Umfang von je 5 Druckbogen (80 Seiten), Das letzte Heft eines Bandes enthält Inhalts-, Autoren- und Sachverzeichnis.

Der Bezugspreis je Heft beträgt 5,— MDN.

Die Schriftleitung nimmt nur Manuskripte an, deren Umfang 25 Schreibmaschinenseiten nicht überschreiten und die bisher noch nicht, auch nicht in anderer Form, im In- oder Ausland veröffentlicht wurden. Jeder Arbeit ist eine Zusammenfassung mit den wichtigsten Ergebnissen (nicht länger als 20 Zeilen), wenn möglich auch in russischer und englischer bzw. französischer Sprache, beizufügen. Gegebenenfalls erfolgt die Übersetzung in der Akademie.

Manuskripte sind zu senden an die Schriftleitung: Dr. agr. GERHARD MÜLLER, Institut für Landtechnik, Potsdam-Bornim, Max-Eyth-Allee.

Die Autoren erhalten Umbruchabzüge zur Korrektur mit befristeter Terminstellung. Bei Nichteinhaltung der Termine erteilt die Redaktion Imprimatur.

Verlag: Akademie-Verlag GmbH, 108 Berlin, Leipziger Straße 3–4, Fernruf: 220441. Telex-Nr. 011773. Postscheckkonto: Berlin 35021. Bestellnummer dieses Heftes: 1043/V/1.

Veröffentlicht unter der Lizenznummer 1304 des Presseamtes beim Vorsitzenden des Ministerrates der Deutschen Demokratischen Republik.

Gesamtherstellung: VEB Druckerei „Thomas Müntzer" Bad Langensalza.

DEUTSCHE DEMOKRATISCHE REPUBLIK
DEUTSCHE AKADEMIE
DER LANDWIRTSCHAFTSWISSENSCHAFTEN ZU BERLIN

ARCHIV FÜR LANDTECHNIK

AKADEMIE-VERLAG · BERLIN

1965 · 5. BAND · HEFT 1

Inhalt

WASSILI NIKOLAEWITSCH BOLTINSKIJ[1])

Ergebnisse der wissenschaftlichen Forschungsarbeiten zur Erhöhung der Arbeitsgeschwindigkeiten von Maschinen-Traktorenaggregaten auf 9···15 km/h[2])

Eingegangen: September 1964

Das Programm der KPdSU stellt unser ganzes Land vor die große Aufgabe, die landwirtschaftliche Produktion in 10 Jahren um das $2^1/_2$fache und in 20 Jahren um das $3^1/_2$fache zu steigern. Die Arbeitsproduktivität muß dementsprechend nicht weniger als um das $2^1/_2$- bzw. 5- bis 6fache erhöht werden. Einen solchen Sprung der Arbeitsproduktivität in der Landwirtschaft zu gewährleisten, ist nur auf der Grundlage des allseitigen technischen Fortschritts möglich.
Der technische Fortschritt entwickelte und entwickelt sich auf allen Gebieten der Volkswirtschaft durch die Intensivierung der Produktionsprozesse. Die Generallinie des technischen Fortschritts zeigte sich in der Steigerung der Geschwindigkeiten beim Durchlauf der Produkte beim Schmelzen und Walzen, bei der Metallbearbeitung, bei der Beschleunigung des Ablaufs chemischer Reaktionen, in der Steigerung der Transportgeschwindigkeit usw. In Übereinstimmung mit und unter dem Einfluß dieser Generallinie des technischen Fortschritts wurden die Produktionsmittel der unterschiedlichen Volkswirtschaftszweige geschaffen und vervollkommnet.

Entsprechend dieser Generallinie des technischen Fortschritts ergibt sich in der Landtechnik die Lösung, durch welche ein starkes Anwachsen der Arbeitsproduktivität zu sichern ist, und das kann und muß — wie die allseitige Analyse zeigt — auf dem Wege der Steigerung der Arbeitsgeschwindigkeiten der Maschinen-Traktoren-Aggregate[3]) erreicht werden. Trotz der technisch-ökonomischen Zweckmäßigkeit dieser Grundrichtung des technischen Fortschritts berührte sie die Landtechnik bis in die jüngste Vergangenheit fast nicht. Die Arbeitsgeschwindigkeit landwirtschaftlicher Maschinen und Geräte, die rd. 3,5 km/h beträgt und damit der Bewegungsgeschwindigkeit des Zugochsen oder des Pferdes entspricht, blieb praktisch auch nach der Ablösung dieser Tiere durch den Traktor beibehalten.

Dieses Zurückbleiben der Landtechnik hinter der allgemeinen Richtung des technischen Fortschritts aller Volkswirtschaftszweige erklärt sich — wie bekannt — durch folgende Ursachen:

Bei der Steigerung der Fahrgeschwindigkeit wachsen die Energieaufwendungen für die Fortbewegung des Traktors auf dem Feld, wodurch der Traktorwirkungsgrad wesentlich sinkt.

[1]) Mitglied der Unionsakademie der Landwirtschaftswissenschaften, Moskau.

[2]) Diese Arbeit ist der Inhalt eines Referates auf der Tagung über Erhöhung der Arbeitsgeschwindigkeiten in Moskau vom 15.—19. April 1963. Übersetzer: J. Bothe.

[3]) Der Ausdruck „Maschinen-Traktoren-Aggregat" ist in unserer Fachsprache nicht üblich, trifft aber die Sache.

Der Zugwiderstand der landwirtschaftlichen Maschinen und Geräte wächst mit der Steigerung der Geschwindigkeit merklich an, und die vom agrotechnischen Standpunkt geforderte Arbeitsqualität verändert sich.

Mit der Steigerung der Geschwindigkeit der Maschinen-Traktoren-Aggregate verschlechtern sich die Arbeitsbedingungen für das Bedienungspersonal, und dadurch kann der Bereich der Erhöhung der Arbeitsgeschwindigkeit begrenzt werden.

Die Belastungen für die Bauteile des Traktors und der landwirtschaftlichen Maschinen und Geräte wachsen mit der Steigerung der Geschwindigkeit. Das aber kann zur Verminderung der Betriebssicherheit und der Haltbarkeit führen.

Die Organisation des Maschineneinsatzes kann einen sehr merklichen Einfluß auf die Wirksamkeit der Steigerung der Arbeitsgeschwindigkeit ausüben.

Eine wesentliche Steigerung der Arbeitsgeschwindigkeiten der Maschinen-Traktorenaggregate kann ökonomisch vorteilhaft sein, wenn bei einer agrotechnisch annehmbaren Arbeitsqualität die energetischen Aufwendungen, der Kraftstoffverbrauch, die Betriebssicherheit, die Haltbarkeit und die Arbeitsbedingungen des Bedienungspersonals keine merkliche negative Veränderung erfahren.

Die serienmäßig gefertigten Traktoren und landwirtschaftlichen Maschinen und Geräte könnten die Erfüllung dieser Bedingungen nicht gewährleisten. Zur Lösung der „Geschwindigkeits"-Aufgabe wäre es erforderlich, auf wissenschaftlicher Grundlage neue „Schnell"-Traktoren und eine große Anzahl „schneller" landwirtschaftlicher Maschinen und Geräte zu schaffen.

Jedoch würde eine wissenschaftliche Bearbeitung aller dieser Fragen und die Schaffung einer sehr verschiedenartigen „schnellen" Landtechnik die Einführung höherer Geschwindigkeiten in die Landwirtschaft stark behindern. Deshalb ist die wissenschaftliche Forschungsarbeit zum „Geschwindigkeits"-Problem in drei Etappen aufgegliedert worden.

Die erste Etappe der Forschungsarbeiten sollte die Möglichkeiten und Grenzen der Arbeitsgeschwindigkeitssteigerung von Maschinen-Traktoren-Aggregaten festlegen, die aus einem „Schnell"-Traktor und *serienmäßigen* Landmaschinen und Geräten bestehen.

Im Ergebnis der wissenschaftlichen Forschungsarbeiten der ersten Etappe ergaben sich folgende Forderungen:

1. Feststellung der agrotechnischen Grenze der Geschwindigkeitssteigerung vorhandener (serienmäßig gefertigter) Landmaschinen und Geräte,
2. Ausarbeitung theoretischer Grundlagen für die Geschwindigkeitssteigerung serienmäßiger Traktoren bis zur festgestellten agrotechnischen Grenze,
3. Darlegung der technischen und ökonomischen Zweckmäßigkeit der Steigerung der Arbeitsgeschwindigkeit von Maschinen-Traktoren-Aggregaten bis zu der für serienmäßig gefertigte Landmaschinen und Geräte festgestellten agrotechnischen Grenze.

4. Durchsetzung der Einführung des festgelegten Niveaus der Geschwindigkeitssteigerung in die landwirtschaftliche Produktion.

Die zweite Etappe der Forschungsarbeiten muß der weiteren Steigerung der Arbeitsgeschwindigkeiten bis zur technisch und ökonomisch zweckmäßigen Grenze (d. h. über die Grenze hinaus, welche für landwirtschaftliche Serienmaschinen ermittelt wurde) gewidmet sein.

In der zweiten Etappe war die Durchführung breitangelegter Untersuchungen vorgesehen, die für die Ausarbeitung agrotechnischer Forderungen an die neue Landtechnik für hohe Arbeitsgeschwindigkeiten (Traktoren und landwirtschaftliche Maschinen und Geräte) erforderlich sind.

Die dritte Etappe der Arbeiten zu diesem Problem muß der Entwicklung der neuen Landtechnik für hohe Arbeitsgeschwindigkeiten, der Vervollkommnung dieser Technik, der Ermittlung der ökonomischen Wirksamkeit bei der Arbeit in den verschiedenen Zonen des Landes und der Einführung dieser neuen Technik in die landwirtschaftliche Produktion gewidmet sein.

Erste Etappe der Steigerung der Arbeitsgeschwindigkeiten von Maschinen-Traktoren-Aggregaten

Agrotechnische Grenze der Steigerung der Fahrgeschwindigkeit landwirtschaftlicher Serienmaschinen und -geräte

In den Jahren 1956 bis 1957 wurde durch Untersuchungen der Institute WIM-WISCHOM, UNIMESCH, MIS[4]) und anderen wissenschaftlichen Forschungsanstalten und Hochschulen festgestellt, daß die vorhandenen Pflüge auf unter schiedlichen Böden eine agrotechnisch annehmbare Arbeitsqualität bei Geschwindigkeiten bis zu 7 km/h gewährleisten, und andere landwirtschaftliche Maschinen und Geräte (mit einigen Ausnahmen) bis zu Geschwindigkeiten von 9 km/h und höher agrotechnisch zufriedenstellend arbeiten können.

Durch Versuche wurde festgestellt, daß das stärkste Anwachsen des Zugwiderstandes bei Erhöhung der Geschwindigkeit beim Pflügen zu beobachten ist. Unter Berücksichtigung dessen, daß bei der Geschwindigkeitssteigerung von Pflugaggregaten auf 7 km/h der Zugwiderstand um 7···8% anwuchs, leistete das Institut WIM eine große Arbeit zur Schaffung von Schnellpflugkörpern, die bei einer Geschwindigkeitsänderung im Bereich von 5···9 km/h eine zufriedenstellende agrotechnische Arbeitsqualität gewährleisteten, ohne daß der Zugwiderstand merklich anwuchs.

Die aufgezeigten agrotechnischen Grenzen der Geschwindigkeitssteigerung gestatteten es WIM, die Forderung nach Schaffung von Traktoren zu stellen, die ohne merkliches Absinken des mechanischen Wirkungsgrades mit Serienmaschinen bei erhöhten Geschwindigkeiten (5···9 km/h) arbeiten können.

[4]) WIM = Allunionsinstitut für Mechanisierung der Landwirtschaft
WISCHOM = Allunionsinstitut für Landmaschinenbau
UNIMESCH = Ukrainisches Forschungsinstitut für Mechanisierung und Elektrifizierung der Landwirtschaft
MIS = Maschinen-Versuchs-Station

Entwicklung von Schnelltraktoren für die Arbeit mit landwirtschaftlichen Serienmaschinen und Geräten bei Geschwindigkeiten von 5 ··· 9 km/h

Zur Schaffung von Schnelltraktoren für Versuchszwecke wurden von WIM agrotechnische Forderungen an einen Radtraktor der Zugkraft-Klasse 1,4 Mp und an einen Kettentraktor der Klasse 3 Mp ausgearbeitet. Grundlage bei der Ausarbeitung der agrotechnischen Forderungen an diese Traktoren waren folgende Vorstellungen.

Auf der Grundlage theoretischer Ermittlungen und experimenteller Untersuchungen wurde festgestellt, daß bei Konstanthaltung des Ausgangswertes für den Wirkungsgrad (bei einer Steigerung der Fahrgeschwindigkeit auf 5 ··· 9 km/h) die Motorleistung der Traktoren dieser zwei Klassen proportional der Geschwindigkeitserhöhung unter Beibehaltung des Gewichts jedes dieser Traktoren entsprechend auf 50 und 75 PS gesteigert werden muß.

Das Charkower Traktorenwerk hat entsprechend den agrotechnischen Forderungen von WIM auf der Basis der serienmäßigen Traktoren MTS–5 und DT–54A Versuchsschnelltraktoren mit der Bezeichnung E–50 und DT–54 M entwickelt.

Die von WIM durchgeführten Prüfungen dieser Traktoren zeigten, daß der Maximalwert des Wirkungsgrades dieser Traktoren in den Bereich der höheren Geschwindigkeiten verschoben wurde; die von WIM durchgeführten Kontrollschichten erhärteten die erwartete Produktivitätssteigerung dieser Maschinen-Traktoren-Aggregate.

Technische und ökonomische Zweckmäßigkeit der Geschwindigkeitssteigerung auf 5···9 km/h

Auf der Grundlage der vom WIM bei den Prüfungen der Traktoren E–50 und DT–54 M gewonnenen Ergebnisse wurden breitangelegte Einsatzvergleichsprüfungen von Maschinen-Traktoren-Aggregaten, bestehend aus serienmäßigen Landmaschinen und den Traktoren MTS–5 und E–50, sowie DT–54 A und DT–54 M, in den verschiedenen landwirtschaftlichen Zonen durchgeführt. Solche Prüfungen wurden unter der organisatorischen und methodischen Leitung von WIM in sieben Gebieten der Sowjetunion durchgeführt. An den Prüfungen nahmen teil: die Institute WIM, ChTS[5]), UNIMESCH, WISCHOM, das Woronescher Landwirtschaftliche Institut, das Odessaer Werk „Oktoberrevolution", die Charkower Station des UNIMESCH, die Station von WIM in Armawir, die Nordkaukasische Maschinenprüfstation, das Kubaner NIITIM[6]), die Sibirische Maschinenprüfstation, das Sibirische NIISCHOS, GOSNITI, NATI[7]) und die Traktorenbrigade von P. N. Angelina.

[5]) ChTS = Traktorenwerke Charkow
[6]) NIITIM = Forschungsinstitut für Traktoren und Motoren
[7]) GOSNITI = Staatl. Forschungsinstitut für Traktorenprüfung
NATI = Staatl. Unions-Forschungsinstitut für Traktorenbau

Um vergleichbare Werte zu erhalten, wurden die Prüfungen überall nach einer einheitlichen Methodik durchgeführt, der folgende zwei Bedingungen zugrundegelegt wurden:

1. Aggregate mit Versuchs- und Serientraktoren sollen die gleiche Anzahl gleichartiger landwirtschaftlicher Maschinen und Geräte haben;
2. sie sollen sich in einem gleichen technischen Zustand befinden.

Jedes zu vergleichende Paar der Maschinen-Traktoren-Aggregate muß unbedingt unter gleichen Bedingungen arbeiten.

Die Zugprüfungen bestätigten die Richtigkeit der theoretischen Annahmen über den Einfluß des Gewichts-Leistungsverhältnisses auf die Verlagerung des Maximalwertes des Traktorwirkungsgrades in den Bereich der höheren Geschwindigkeit.

Der spezifische Kraftstoffverbrauch (je Zughaken-PS) veränderte sich bei beiden Versuchstraktoren in günstiger Richtung gegenüber den Grundtypen.

Beim Pflügen mit serienmäßigen Pflugkörpern und bei Steigerung der Geschwindigkeit von 4 auf 7 km/h verbesserte sich die Krümelung, vergrößerte sich die Masse aller feinen Bodenfraktionen, wurden die Stoppelreste gut untergebracht, verringerte sich die Klutenbildung und die Feldoberfläche wurde ausgeglichen.

Die vom WIM geschaffenen Schnellpflugkörper ergaben eine gute Arbeitsqualität bei Geschwindigkeiten bis 10 km/h. Der Zugwiderstand wuchs bei der Arbeit mit serienmäßigen und Schnellpflugkörpern bei einer Steigerung der Geschwindigkeit von 5 auf 8···9 km/h um 7···8%. Allerdings muß bemerkt werden, daß der Zugwiderstand des Pfluges mit Schnellpflugkörpern bei einer Geschwindigkeit von 7 km/h gleich dem des Pfluges mit serienmäßigen Körpern bei 5 km/h war.

Bei der Bearbeitung von Brachen und beim Grubbern vor der Aussaat verbesserten die Grubber bei einer Steigerung der Geschwindigkeit auf 8 ··· 9 km/h die Krümelung und das Abschneiden des Unkrautes, die Feldoberfläche wurde eingeebnet und die Notwendigkeit eines zusätzlichen Eggens entfiel.

Bei der Zwischenreihenbearbeitung von Hackkulturen (Sonnenblumen, Mais) war die Arbeitsqualität bei einer Geschwindigkeit von 8···9 km/h vollkommen befriedigend.

Scheibenschälpflüge arbeiteten beim Stoppelschälen bei einer Geschwindigkeit von 9 km/h (und höher) zufriedenstellend. Der Zugwiderstand der Scheibenschälpflüge stieg bei einem Angriffswinkel von 35° und der Steigerung der Geschwindigkeit bis 7 km/h um 4···5% an. Bei Veränderung des Angriffswinkels auf 30° sank der Zugwiderstand wesentlich und betrug weniger als zuerst, wobei die Arbeitsqualität des Schälpfluges befriedigend war.

Die Prüfungen von Drillaggregaten zeigten bei normaler Saatbettvorbereitung, daß die Steigerung der Geschwindigkeit der Drillmaschine SU–24 auf 10···11 km/h auf die Aussaatqualität und auf die Ernte von Getreidekulturen keinen Einfluß hat; der Zugwiderstand der Drillmaschinen steigt bei der Geschwindigkeitssteigerung um 7···8% an.

Die Erhöhung der Fahrgeschwindigkeiten von Ernteaggregaten (Schwadmäher und Kombines vom Typ PBK–3) auf 9 km/h zeigte keinerlei Einfluß auf die Mehrzahl der die Arbeitsqualität kennzeichneneden Kennzahlen.

Die Prüfungen der Aggregate mit den Radtraktoren E–50 gestatteten die Feststellung, daß die Steigerung der Arbeitsgeschwindigkeiten die Arbeitsproduktivität insgesamt um 10···40% erhöhte, auch bezogen je Arbeiter und je Tonne der Gesamtmasse des Maschinen-Traktoren-Aggregates.

Die Steigerung der Geschwindigkeit verschlechterte keinesfalls den Kraftstoffverbrauch, ja mehr noch, die Aggregate mit den Traktoren E–50 verbrauchten bei einer Reihe von Arbeitsgängen je Hektar um 3···20% weniger Kraftstoff, als die Aggregate mit dem serienmäßigen Traktor MTS–5. Nur bei einzelnen Arbeitsgängen, bei denen die Motorbelastung verhältnismäßig gering war, stieg der Kraftstoffverbrauch je Hektar um 1···3%.

Die Endwerte über die Arbeitsproduktivität der Maschinen-Traktoren-Aggregate mit dem Kettentraktor DT–54 M können im Vergleich zu den Aggregaten, die mit den Traktoren DT–54 A arbeiten, folgenderweise charakterisiert werden: Bei der Arbeit der Aggregate mit erhöhten Geschwindigkeiten (5···9 km/h) erhöhte sich die Arbeitsproduktivität im Durchschnitt um 25···35% bei geringer Senkung des Kraftstoffverbrauches (mit Ausnahme des Eggens). Der Auslastungskoeffizient für die Motoren des DT–54 A und DT–54 M ist sowohl für die energieaufwendigen (z. B. Pflügen) als auch für die weniger energieaufwendigen Arbeitsgänge praktisch auf dem gleichen Wert gehalten worden.

Infolge des höheren Wirkungsgrades ist die Leistung beim Traktor DT–54 M je Motor-PS etwa um 5% höher als beim DT–54 A.

Die Leistung je Tonne Aggregatmasse ist beim DT–54 M ebenfalls wesentlich höher als beim DT–54 A.

Es ist vollkommen erklärlich, daß bei der Arbeit der Maschinen mit erhöhten Geschwindigkeiten eine Erhöhung des Verschleißes in Abhängigkeit von der Zeit auftreten muß. Allerdings bewältigten die unter diesen Bedingungen arbeitenden Traktoren im gleichen Zeitabschnitt einen höheren Arbeitsumfang. Deshalb wird zur Beurteilung des Einflusses erhöhter Fahrgeschwindigkeiten auf den Verschleiß der auf die Einheit der durchgeführten Arbeit bezogene Verschleiß ermittelt.

Die durchgeführten Prüfungen zeigten, daß sich die Leistungssteigerung von Dieselmotoren negativ auf die Arbeit der Kraftstoffeinspritzanlagen, die thermische Standfestigkeit der Zylinderköpfe und Wirbelkammereinsätze und auf die Ölkohlebildung auswirkte. Der Verschleiß der Teile, bezogen auf die Einheit der durchgeführten Arbeit war praktisch gleich.

Die Triebwerksteile wiesen sowohl bei den serienmäßigen, als auch bei den Versuchstraktoren einheitliche Defekte auf, und der Verschleißt war bei gleichem Arbeitsumfang ebenfalls gleich.

Genau die gleiche Lage kann für die Teile des Laufwerkes der Traktoren festgestellt werden.

Die Deformation und Häufigkeit von Brüchen gleicher Teile landwirtschaftlicher Maschinen und Geräte erwiesen sich bei der Arbeit sowohl mit normalen als auch mit erhöhten Geschwindigkeiten praktisch gleich. Der Verschleiß von Teilen landwirtschaftlicher Maschinen und Geräte, bezogen auf einen gleichen Arbeitsumfang, zeigte sowohl bei normalen als auch bei erhöhten Geschwindigkeiten keine Unterschiede.

Mit der Steigerung der Arbeitsgeschwindigkeit werden die Arbeitsbedingungen für die Bedienungspersonen des Maschinen-Traktoren-Aggregates erschwert — besonders bei der Arbeit auf Radtraktoren. Bei Feldarbeiten mit schlechteingeebneter Oberfläche und besonders bei Fahrtrichtung quer zur Richtung der vorangegangenen Bearbeitung werden die Arbeitsbedingungen merklich schlechter. Bei einer Arbeitsgeschwindigkeit des Drillaggregates über 9 km/h können die Arbeitsbedingungen der Hilfskraft auf der Drillmaschine — auch bei befriedigendem Mikrorelief des Feldes — keinesfalls als zufriedenstellend angesehen werden.

Die mittleren Arbeitskennwerte von Maschinen-Traktoren-Aggregaten einer Kampagne gestatteten die Feststellung, daß fünf Schnell-Radtraktoren der Klasse 1,4 Mp in ihrer Leistung sechs serienmäßigen Traktoren der gleichen Klasse und sieben Ketten-Schnelltraktoren der Klasse 3 Mp neun serienmäßigen Traktoren dieser Klasse gleichwertig sind.

Erfahrungen bei der Einführung erhöhter Geschwindigkeiten (5···9 km/h) in die landwirtschaftliche Produktion

Gestützt auf die Resultate der breitangelegten Vergleichsprüfungen, die in den verschiedenen Zonen des Landes durchgeführt wurden, gingen im Charkower und danach auch im Minsker Traktorenwerk die „Schnell"-Traktoren T–75 und MTS–5–MLS in Produktion.

Die in positiver Richtung konkreten Ergebnisse der Wirtschaftlichkeit der Steigerung der Arbeitsgeschwindigkeiten bis auf 5···9 km/h änderten das reservierte und manchmal auch negative Verhalten vieler Spezialisten der Landwirtschaft und der Industrie zur „Geschwindigkeits"-Frage. Die Richtung der Geschwindigkeitssteigerung in der Entwicklung der Landtechnik hat allgemeine Anerkennung gefunden und spiegelt sich in fast allen Tagungen des ZK der KPdSU und im Programm der KPdSU wieder.

Unter dem Einfluß wissenschaftlicher Untersuchungen und der Ergebnisse, die bei der Durchführung breiter Einsatzvergleichsprüfungen erhalten wurden, sind gegenwärtig alle neuen Traktoren entsprechend ihren Parametern „Schnell"-Maschinen, die für Arbeiten mit Geschwindigkeiten von 5···9 km/h und höher bestimmt sind. 1962 begann die Produktion neuer „Schnell"-Traktoren in den Wolgograder, Charkower, Minsker und Lipezker Traktorenwerken, sowie in den Motorenwerken „Hammer und Sichel" (Charkow) und in Wladimir. Derartige Traktoren sind der DT–75, T–74, MTS–50 P, MTS–52 P und T–40.

Die Landmaschinenwerke korrigierten ihre Serienproduktion vom Gesichtspunkt der „Geschwindigkeit". Damit diese neue Technik bei der Arbeit unter Produktionsbedingungen den höchsten ökonomischen Effekt bringt, müßten erstens Techniker für die effektive Nutzung dieser Technik ausgebildet werden, die während des Prozesses der Einsatzprüfungen gesammelten Materialien über die Organisation und den technischen Einsatz von Maschinen-Traktoren-Aggregaten mit Schnelltraktoren propagiert und die fortschrittlichen Erfahrungen der „Geschwindigkeits"-Techniker systematisch zusammengefaßt und verbreitet werden.

Außerdem wäre notwendig, umfangreiche wissenschaftliche Forschungsarbeiten zur Erarbeitung der Leistungsnormen und der Normen für einen Kraftstoff- und Ersatzteilverbrauch durchzuführen und ein System der Arbeitsbezahlung sowie die Fragen der Sicherheitstechnik auszuarbeiten.

Alle aufgezählten Arbeiten wurden und werden von vielen wissenschaftlichen Forschungsinstitutionen und speziellen Lehrstühlen landwirtschaftlicher Hochschulen unter der organisatorischen, methodischen und koordinierenden Leitung von GOSNITI und WIM durchgeführt.

Inhalt und Resultate der Arbeiten zur Einführung erhöhter Geschwindigkeiten (5···9 km/h) in die landwirtschaftliche Produktion

Zur Vorbereitung von Technikern für die Landwirtschaft zum effektiven Einsatz der neuen Schnelltraktoren, welche in Produktion gingen, wurde in den zentralen und Gebietszeitungen eine Artikelserie mit verschiedenen Empfehlungen veröffentlicht. In den technischen Zeitschriften waren Aufsätze veröffentlicht, die für das ingenieur-technische Personal der Staatsgüter und Genossenschaften gedacht waren.

Außerdem wurden auf der Grundlage der Materialien aus den von WIM durchgeführten Einsatzprüfungen durch GOSNITI, SibNIISCHOS[8]) u. a. eine Reihe von Büchern als Hilfe für die Techniker zur Aneignung der neuen „Schnell"-Technik veröffentlicht.

Die an den Arbeiten zur Steigerung der Geschwindigkeiten beteiligten Personen aus den verschiedenen Gebieten der SU stellten eine Reihe von Hand- und Merkbüchern sowie Instruktionen zusammen und veröffentlichten sie.

In einer Reihe von Gebieten (Krasnodarsker und Omsker Gebiet) wurden Spezialkurse für die Ingenieure und Ausbilder durchgeführt.

Für die Vorbereitung von Traktoristen auf die Arbeit mit Schnellaggregaten wurde in Zusammenarbeit von WIM, TSCHA und dem Nordkaukasischen Studio für Dokumentarfilme ein Lehrfilm (5 Teile) unter dem Titel „Traktorenarbeiten bei erhöhten Geschwindigkeiten" geschaffen.

Dieser Film macht den Traktoristen, welcher auf Schnelltraktoren zu arbeiten beginnt, mit den spezifischen Besonderheiten des Einsatzes von Schnelltraktoren bekannt.

[8] SibNIISCHOS = Sibirisches Forschungsinstitut für Landwirtschaft

Die Arbeit, welche von den verschiedenen wissenschaftlichen Forschungseinrichtungen und den Lehrstühlen der Hochschulen zur Einführung höherer Geschwindigkeiten in die landwirtschaftliche Produktion geleistet wurde, kann kurz so eingeschätzt werden:

Die von den wissenschaftlichen Forschungsinstituten und Hochschul-Lehrstühlen durchgeführten experimentellen Untersuchungen zum Studium und zur Verallgemeinerung der Erfahrungen der Anwendung höherer Geschwindigkeiten bestätigten nochmals die Nützlichkeit dieser Maßnahme und gestatteten, eine Reihe praktischer Empfehlungen zur Technologie der Durchführung von Feldarbeiten und zur Organisation des Einsatzes von Aggregaten mit neuen Schnelltraktoren und auch zur Normung der wichtigsten Feldarbeiten und für die technische Pflege und Wartung auszuarbeiten.

Es wurden die Ursachen für das Absinken der Arbeitsproduktivität bei der Arbeit mit schnellen Maschinen-Traktoren-Aggregaten aufgedeckt.

Als solche Ursachen können genannt werden: Verstreuung der einzelnen Schnelltraktoren auf die Brigaden, falsche Zusammenstellung der Maschinen-Traktoren-Aggregate, schlechte Feldvorbereitung für die Arbeit mit schnellen Maschinen-Traktoren-Aggregaten (Mikrorelief), größere Stillstandszeiten aus organisatorisch-technischen Gründen, Aufstellung falscher Leistungs- und Entlohnungsnormen für die Mechanisatoren. (Die obengenannten Ursachen sind typisch für Maschinen-Traktoren-Aggregate mit Schnelltraktoren; sie können die Produktivität wesentlich senken.)

Alle „Schnell"-Traktoren, die gegenwärtig in die landwirtschaftliche Produktion gelangen (DT–75, T–74, MTS–50 P, T–40), sind in ihrer Konstruktion als neuartige Maschinen anzusehen.

Die Einführung neuer Schnelltraktoren in den einzelnen Brigaden gestattet zur Durchführung der technischen Pflege und Wartung die Heranziehung hochqualifizierte Monteure und dadurch eine Senkung des Zeitaufwandes für die technische Pflege und Wartung.

Bei einer Verstreuung der neuen Schnelltraktoren auf die Brigaden mit alten (nicht schnellen) Maschinen sank ihre Wirksamkeit wesentlich.

Eine hohe Leistung der schnellen Maschinen-Traktoren-Aggregate hängt in starkem Maße von ihrer richtigen Zusammenstellung ab.

Die Zusammenstellung des Aggregates ist ihrerseits abhängig von den konkreten Bedingungen (durchzuführender landwirtschaftlicher Arbeitsgang, Boden und Bodenzustand, Makro- und Mikrorelief usw.).

Zur Gewährleistung der höchsten Leistung und des geringsten Kraftstoffverbrauches je Hektar muß die Zusammenstellung des Aggregates so vorgenommen werden, daß eine volle Auslastung des Traktormotors bei derjenigen Geschwindigkeit erreicht wird, bei der der Traktor mit höchstem Wirkungsgrad arbeitet. Für die Kettentraktoren T–75, DT–75 und T–74 liegt dieser Geschwindigkeitsbereich bei 5···5,5 km/h; für die Radtraktoren MTS–50 P une T–40 etwa bei 7···8 km/h.

Wenn es aus einer Reihe von Ursachen (z. B. wegen Fehlens einer genügenden Anzahl landwirtschaftlicher Maschinen und Geräte im Betrieb oder bei der Durchführung wenig energieaufwendiger Arbeitsgänge) nicht möglich ist, eine volle Auslastung des Traktors bei den genannten Geschwindigkeiten zu gewährleisten, so kann die Produktivität durch die Erhöhung der Arbeitsgeschwindigkeit bis zur maximal-möglichen, bei welcher der Motor ohne Drehzahlverringerung (d. h. ohne Überbelastung) beständig arbeitet, gesteigert werden.
Wenn beim Einsatz von Aggregaten mit Schnelltraktoren zu weniger energieaufwendigen landwirtschaftlichen Arbeitsgängen eine weitere Vergrößerung der Arbeitsbreite und Steigerung der Fahrgeschwindigkeit des Aggregates nicht möglich ist (beispielsweise wegen Verschlechterung der agrotechnisch geforderten Arbeitsqualität des Aggregates), wird der Motor des Traktors mit bedeutender Unterbelastung arbeiten.
Bei der Arbeit des Motors mit Unterbelastung kann der Kraftstoffverbrauch pro Einheit bearbeiteter Fläche stark ansteigen.
Wie die Erfahrung zeigte, kann der Treibstoffverbrauch je Hektar bei der Arbeit von Maschinen-Traktoren-Aggregaten mit Schnelltraktoren durch volle Motorauslastung bei Geschwindigkeiten, die dem Maximalwert des Traktorwirkungsgrades entsprechen, und bei Unterbelastung des Motors durch Drosselund der Drehzahl des Motors und durch entsprechende Auswahl der Gänge für die Durchführung der unterschiedlichen Traktorenarbeiten im Bereich dessen der Aggregate mit gewöhnlichen Traktoren gehalten werden.
In einigen Fällen, z. B. bei der Durchführung weniger energieaufwendiger landwirtschaftlicher Arbeitsgänge, wird eine wesentliche Geschwindigkeitssteigerung durch eine Verschlechterung der Arbeitsbedingungen für den Traktoristen begrenzt.
Die Verschlechterung der Arbeitsbedingungen (starke Erschütterungen) kann durch schlechte Feldvorbereitung für die nachfolgende Bearbeitung mit Schnellaggregaten auftreten. Deshalb dürfen nach der Saatbettvorbereitung, der Aussaat und anderen landwirtschaftlichen Arbeitsgängen auf dem Feld keine merklichen Furchen oder Rinnen, Kämme und Kluten vorhanden sein.
Die Feldvorbereitung für Schnellaggregate wird durch Planieren, rechtzeitiges Entfernen von Stroh und anderen Pflanzenresten vom Feld, Zusammen- und Auseinanderpflügen, durch die Anwendung kombinierter Pflugaggregate (Pflug-Schleppe-Walze), Diagonal-Kreuz-Fahrtrichtungen und anderweitig erreicht.
Die Maschinen-Traktoren-Aggregate mit Schnelltraktoren ergeben bei ihrem richtigen Einsatz im Durchschnitt eine um 20···30% höhere Produktivität, als die Maschinen-Traktoren-Aggregate mit gewöhnlichen Traktoren.
Deshalb führen die Stillstandszeiten bei Maschinen-Traktoren-Aggregaten mit Schnelltraktoren zu einer stärkeren Leistungssenkung als dieselben Stillstandszeiten bei Aggregaten ohne Schnelltraktoren.
Im Zusammenhang damit müssen zur Erreichung der maximalen Leistung beim Einsatz schneller Maschinen-Traktoren-Aggregaten alle Möglichkeiten der Senkung unproduktiver Zeiten genutzt werden.

Das wurde in den einzelnen Betrieben beispielsweise dadurch erreicht, daß zur Durchführung der technischen Pflege und Wartung die Techniker zweier Schichten herangezogen und die Arbeitsgänge Tanken und Abschmieren mechanisiert wurden, wodurch man den Zeitaufwand für technische Pflege und Wartung wesentlich senkt. Zur Senkung des Aufwandes an Wendezeiten für Drillaggregate mit großer Arbeitsbreite wird das Diagonal-Kruz-Drillverfahren zur Anwendung gebracht. Durch den Einsatz von Beschickungsautos zum Einfüllen des Saatgutes in die Drillmaschinen wird der Zeitaufwand für diesen Arbeitsgang und für die Aussaat insgesamt wesentlich gesenkt. Durch eine gutdurchdachte Organisation der Transportarbeiten werden die Stillstandszeiten der Ernteaggregate usw. bei der Ernte von Silagekulturen gesenkt.

Wie die Erfahrung bewies, üben die Leistungs- und Entlohnungsnormen einen wesentlichen Einfluß auf die Arbeitsproduktivität der Maschinen-Traktoren-Aggregate mit Schnelltraktoren aus.

Die Fragen der Normen für die Leistung, des Kraftstoffverbrauches und der Entlohnung der Techniker, welche auf Maschinen-Traktoren-Aggregaten mit Schnelltraktoren arbeiten, erfuhren bis jetzt noch keine endgültige Ausarbeitung. Zu dieser Frage kann folgende Meinung dargelegt werden.

Die Leistungsnormen für Aggregate, welche mit Schnelltraktoren arbeiten, sind entsprechend deren Leistungssteigerung, die bei den Prüfungen in der jeweiligen landwirtschaftlichen Zone erreicht wurde, zu verändern.

In Anbetracht der großen Arbeitsanstrengung der Techniker auf Aggregaten mit Schnelltraktoren ist die Arbeitsbezahlung zu verbessern.

Nach den Empfehlungen, die vom SibNIISCHOS ausgearbeitet wurden, ist die von Technikern auf Aggregaten mit Schnelltraktoren geleistete Arbeit bei der Durchführung landwirtschaftlicher Arbeitsgänge mit Geschwindigkeiten über 6 km/h in der Entlohnung um eine Leistungsklasse höher einzustufen als die Arbeiten, welche mit gewöhnlichen Traktoren und gewöhnlichen Geschwindigkeiten durchgeführt werden.

Das sind die Ergebnisse der ersten Etappe der wissenschaftlichen Forschungsarbeiten über die Einführung der auf 5···9 km/h erhöhten Arbeitsgeschwindigkeiten in die landwirtschaftliche Produktion.

Zweite Etappe der Steigerung der Arbeitsgeschwindigkeiten von Maschinen-Tranktoren-Aggregaten (über 9 km/h) Aufgabenstellung und allgemeine Charakterisierung der durchzuführenden Forschungsarbeiten

Eingangs wurden die Faktoren betrachtet, welche der „Geschwindigkeitssteigerung“ im Fortschritt der Landtechnik entgegenwirken, und es wurden in allgemeiner Form Aufgaben formuliert, die sowohl in der ersten (5···9 km/h) als auch in der zweiten Etappe (über 9 km/h) der Steigerung der Arbeitsgeschwindigkeiten von Maschinen-Traktoren-Aggregaten eine wissenschaftliche Lösung erfordern.

Als Ergebnis der Untersuchungen, welche in der zweiten Etappe durchgeführt wurden, mußten die agrotechnischen Forderungen an neue landwirtschaftliche Schnelltraktoren begründet werden, die für Arbeiten mit Geschwindigkeiten *über* 9 km/h vorgesehen sind.

Für die Durchführung aller notwendigen Untersuchungen wurden Schnelltraktoren-Versuchsmuster angefertigt. Diese Traktoren-Versuchsmuster wurden projektiert, gebaut und im WIM (Klasse 1,4 Mp und 3 Mp), im NATI (Klasse 1,4 Mp und 3 Mp) im WISCHOM (Klasse 1,4 Mp und 3 Mp), im TSCHA[9]) (Klasse 0,9 Mp und 2 Mp) und im SibNIISCHOS (Klasse 3 Mp) untersucht.

Diese Traktoren-Versuchsmuster gestatteten, die notwendigen Untersuchungen zur Begründung folgender Gruppen von Kennwerten der agrotechnischen Forderungen durchzuführen:

a) dynamische Kennwerte und Kraftstoff-Wirtschaftlichkeit;
b) Kennwerte und Forderungen, die die Arbeitsbedingungen des Traktoristen bestimmen;
c) Kennwerte, die die Funktionssicherheit, Verschleißfestigkeit und Haltbarkeit der Teile bedingen.

Die dynamischen Untersuchungen, die zur Begründung einer Reihe von Kennwerten der agrotechnischen Forderungen durchgeführt wurden, dienten:

1. der Erforschung der Wechselbeziehung zwischen Motorleistung, Traktorwirkungsgrad, Gewicht und Geschwindigkeit des Traktors (über 9 km/h).
   Diese Untersuchungen führten WIM, NATI, TSCHA und WISCHOM durch.
2. der Erforschung des Einflusses des Luftdruckes der Reifen bei verschiedenen Fahrgeschwindigkeiten des Traktors (WIM);
3. der Erforschung des Beschleunigungsprozesses des Maschinen-Traktoren-Aggregates und des Einflusses auf den Beschleunigungsprozeß der hydraulischen Kupplung und auf die Größe des reduzierten Trägheitsmoments des Motors (TSCHA);
4. der Erforschung des Einflusses der unterschiedlichen Belastung auf die Arbeit des Motors (TSCHA).

Im Ergebnis der durchgeführten Untersuchungen, die unter Punkt 1 und 2 genannt wurden, sind die Gesetzmäßigkeiten ermittelt worden, die unbedingt bei der Projektierung von Rad- und Ketten-Schnelltraktoren mit dem gewünschten Geschwindigkeitsbereich berücksichtigt werden müssen.

Bei der Durchführung dieser Untersuchungen wurde die Leistungsbilanz des Motors bei der Arbeit von Rad- und Kettentraktoren und deren Änderung bei Variation von Motorleistung und Fahrgeschwindigkeit festgestellt. Die Lei-

[9]) TSCHA = Timirjasew-Landwirtschafts-Akademie

stungsbilanzen gestatteten es, die Gesetzmäßigkeiten der Abhängigkeit aller Verluste von der Fahrgeschwindigkeit festzustellen.

Bei einer Begrenzung der Fahrgeschwindigkeit des Traktors, hervorgerufen durch irgendeine Ursache, verschlechtert sich der Kraftstoffverbrauch als Folge der Unterbelastung des Motors. Die Untersuchungen des Kraftstoffverbrauchs des Motors bei Unterbelastung zeigten, daß er auf dem Wege der Drehzahländerung durch den Verstell-Regler und der Auswahl der Gänge auch bei bedeutender Motorentlastung in annehmbaren Grenzen gehalten werden kann. Bei der Durchführung der Untersuchungen zum Punkt 3 wurde die Theorie des Beschleunigungsprozesses des Maschinen-Traktoren-Aggregates untersucht. Die erhaltene Formel gestattet es, den Einfluß verschiedener Faktoren auf den Beschleunigungsprozeß zu erforschen. Experimentelle Untersuchungen bestätigten die Richtigkeit der vorgenommenen Annahmen und die gute Übereinstimmung von Theorie und Praxis. Theoretisch und experimentell wurde ein wesentlicher Einfluß des reduzierten Trägheitsmoments des Motors festgestellt und eine Methodik zur Berechnung des Motorschwungrades ermittelt.

Zur Bestimmung der Arbeitsbedingungen des Traktoristen stellten NATI, SIMSCH und SibWIM breitangelegte Untersuchungen an, die es ermöglichen, die Veränderung der Arbeitsbedingungen des Traktoristen beim Fahren des Traktors mit unterschiedlichen Geschwindigkeiten (Erschütterungen, Lärm, Temperaturen) allseitig zu kennzeichnen. Die Ergebnisse der genannten theoretischen und experimentellen Untersuchungen ermöglichen Empfehlungen für die Verbesserung der Arbeit des Traktoristen.

Zur Feststellung des Einflusses der Geschwindigkeit auf Funktionssicherheit, Festigkeit und Verschleißfestigkeit der Teile von Schnelltraktoren wurden entsprechende Untersuchungen von NATI, GOSNITI und UNIIMESCH durchgeführt. Diese Untersuchung zeigte, daß die Erhöhung der Arbeitsgeschwindigkeit von keiner bedeutenden Verschleißerhöhung der Getriebeteile begleitet wird (NATI). Vorhandene Verschleißerhöhungen der Teile des Laufwerkes können durch konstruktive Maßnahmen, z. B. durch Verwendung qualitativ besserer Metalle und Schmierstoffe und auf andere Weise beseitigt werden. Die Erhöhung der Beanspruchung verschiedener Teile, die bei der Steigerung der Fahrgeschwindigkeiten beobachtet wurde, kann ohne Veränderung der Traktorenmasse durch Änderung der Form der Konstruktion und durch Verwendung besseren Materials abgefangen werden.

Außerdem wurden von WIM, NATI, WISCHOM und SibNIISCHOS spezielle Versuche (Kontrollschichten) zum Zwecke der Ermittlung der Leistungssteigerung bei Steigerung der Arbeitsgeschwindigkeit verschiedener Maschinen-Traktoren-Aggregate durchgeführt, welche den erwarteten Nutzen der Geschwindigkeitssteigerung (über 9 km/h) erhärteten.

Alle Materialien der oben kurz dargelegten Untersuchungen sind wissenschaftliche Grundlagen für die agrotechnischen Forderungen zur Projektierung von Schnelltraktoren für Versuchszwecke.

Wissenschaftliche Grundlagen agrotechnischer Forderungen an Schnelltraktoren, die für Arbeiten mit Geschwindigkeiten über 9 km/h bestimmt sind und Untersuchung der Wechselbeziehung zwischen dem Wirkungsgrad η_T, dem Gewicht G_T, der Motorleistung N_e und der Fahrgeschwindigkeit v des Traktors

Für eine weitere begründete Steigerung der Fahrgeschwindigkeiten von Aggregaten ist es unerläßlich, über objektive Daten der Wechselbeziehung zwischen η_T, G_T, N_e, Z und v zu verfügen. Das Vorhandensein solcher Materialien ermöglicht eine begründete Festlegung dynamischer Kennwerte agrotechnischer Forderungen an Schnelltraktoren, die für Arbeiten bei Geschwindigkeiten über 9 km/h bestimmt sind. Diese Untersuchungen wurden an Traktoren-Versuchsmustern im WIM, NATI, WISCHOM und TSCHA durchgeführt. Die Methodik zur Durchführung dieser Untersuchungen wurde in der technischen Literatur beleuchtet und deshalb im vorliegenden Aufsatz nicht behandelt.

Zu den Darstellungen (Abb. 1 und 2) der mit den Versuchsmustern der Schnelltraktoren gewonnenen Ergebnisse müssen folgende Einzelheiten bemerkt werden:

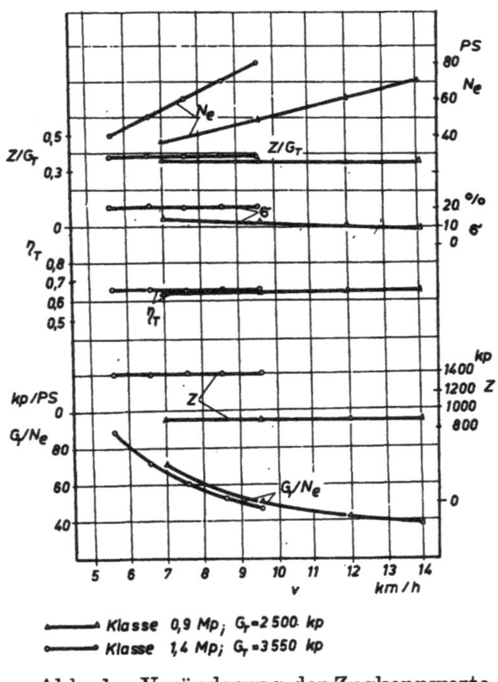

Abb. 1: Veränderung der Zugkennwerte in Abhängigkeit von der Geschwindigkeit für Radtraktoren der Klassen 0,9 Mp und 1,4 Mp bei konstanter Zugkraft Z. Bodenoberfläche: Stoppel

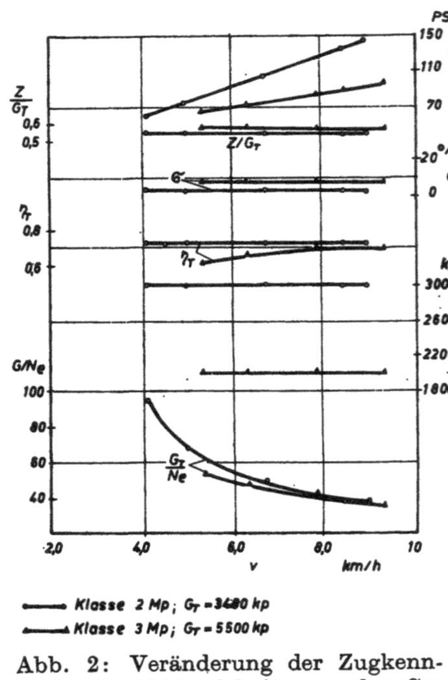

Abb. 2: Veränderung der Zugkennwerte in Abhängigkeit von der Geschwindigkeit für Kettentraktoren der Klassen 2 Mp und 3 Mp bei konstanter Zugkraft Z. Bodenoberfläche: Stoppel

Ungeachtet dessen, daß die Prüfungen zu verschiedenen Zeiten und auf verschiedenen Feldern durchgeführt wurden, fällt die Kurve $G_T : N_e = f(v)$ für Radtraktoren der Klassen 0,9 und 1,4 Mp und für Kettentraktoren der Klassen 2 und 3 Mp in befriedigender Weise zusammen. Die beobachteten Abweichungen der Werte $G_T : N_e$ betragen bei den *Rad*traktoren 6···8%; bei den *Ketten*traktoren erreicht die maximale Abweichung, die bei einer Geschwindigkeit von 5,5 km/h beobachtet wurde, 12% und liegt bei einer Geschwindigkeit von etwa 9 km/h nahe bei Null. Unter Berücksichtigung der Unterschiedlichkeit der Bodenbedingungen und Meßfehler können die festgestellten Abweichungen als voll annehmbar anerkannt werden.

Eine genügende Übereinstimmung weist der Verhältniswert $Z : G_T$ sowohl für Rad- als auch für Kettentraktoren auf (Unterschiede liegen bei diesem Kennwert nicht über 5···8%).

Es ist ein linearer Charakter in der Veränderung der Abhängigkeit $N_e = f(v)$ festzustellen.

Der Traktorwirkungsgrad η_T befindet sich bei den Versuchsmustern sowohl der Rad- als auch Kettentraktoren in Höhe des Maximalwertes oder aber nahe desselben.

Die befriedigende Übereinstimmung der Werte $G_T : N_e$ und $Z : G_T$ gestattet es, in erster Annäherung eine grafische Zusammenfassung der Abhängigkeit zwischen den Größen v, N_e, G_T, η_T und Z vorzuschlagen (Abb. 3 und 4). Im ersten Quadranten dieser Darstellungen sind die Kurven

$$G_T : N_e = f(v) \; ; \qquad \eta_T = f(v) \qquad \text{und} \qquad \sigma = f(v)$$

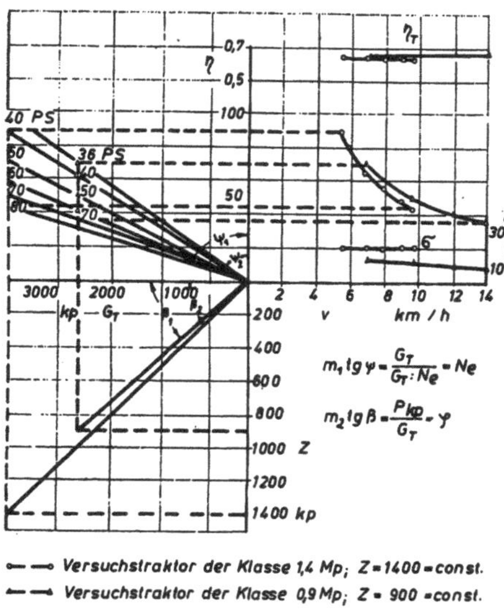

Abb. 3: Abhängigkeit zwischen N_e; G_T; η_T; Z und v für Radtraktoren der Klassen 0,9 Mp und 1,4 Mp

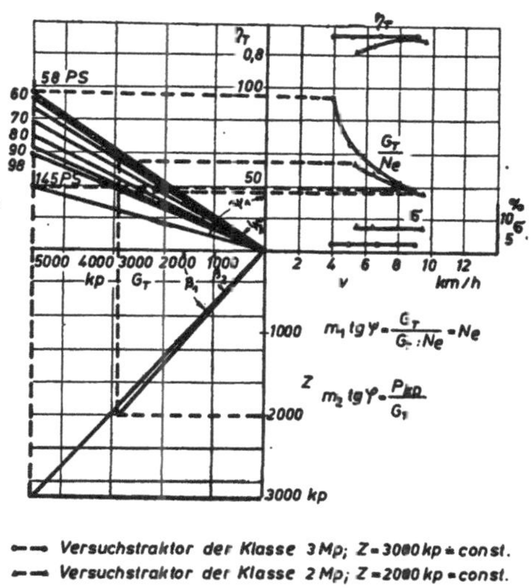

Abb. 4: Abhängigkeit zwischen N_e; G_T; η_T; Z und v für Kettentraktoren der Klassen 2 Mp und 3 Mp

und im zweiten Quadranten mit den Koordinaten $G_T : N_e$ und G_T durch den Koordinaten-Nullpunkt verlaufende Strahlen abgetragen. Es ist nicht schwer zu sehen, daß

$$m_1 \cdot \operatorname{tg} \psi = \frac{G_T}{G_T : N_e} = N_e$$

ist, wobei

m_1 Maßstabfaktor
G_T Gewicht des Traktors in Kilopond
N_e Motorleistung in PS, die dem gegebenen Wert $G_T:N_e$ entspricht
ψ Winkel des Strahls mit der Ordinatenachse.

Auf diese Weise entspricht jeder Strahl, der durch den Koordinatenanfang und den Schnittpunkt der Abszisse G_T und der Ordinate $G_T : N_e$ verläuft, einen bestimmten Wert der Motorleistung N_e.

Im dritten Quadranten sind in den Koordinaten G_T und Z Strahlen abgetragen, die durch den Koordinatenanfang und den Schnittpunkt der Ordinate G_T und der Abszisse Z, die der Zugkraft dieser Klasse entspricht, verlaufen. Aus den Darstellungen (Abb. 3 und 4) ist ersichtlich, daß:

$$m_2 \cdot \operatorname{tg} \beta = Z : G_T = \psi .$$

In diesem Ausdruck sind:

m_2 Maßstabfaktor
ψ sogenannter Zugkraftbeiwert
β Winkel des Strahls mit der Abszissenachse.

Die auf den Abb. 3 und 4 gezeigten Darstellungen gestatten es, aus den vorgegebenen Werten der Arbeitsgeschwindigkeit und der Zugkraft der Klasse, sowohl das Gewicht als auch die Leistung und den Wirkungsgrad des Traktors zu bestimmen. Jedoch muß man bei der Verwendung dieser Darstellungen zur Bestimmung einer Reihe von Kennwerten des zu projektierenden Traktors beachten, daß jede dieser Darstellungen auf der Grundlage experimenteller Angaben, welche bei der Untersuchung von nur zwei Traktorenklassen[1] zustande kamen, aufgestellt wurde. Deshalb muß die Verwendung dieser Darstellungen zur Ermittlung der Parameter für Traktoren anderer Klassen als bedingte Unterstellung betrachtet werden.

Schlußfolgerungen

Die Untersuchungen der Wechselbeziehung zwischen einer Reihe von Kennwerten an Funktionsmustern von Rad- und Ketten-Traktoren zeigten eine volle Begründung der Steigerung der Arbeitsgeschwindigkeiten bis 9 km/h und darüber.

Aus den Darstellungen (Abb. 1 bis 4) ist ersichtlich, daß bei der Arbeit des Maschinen-Traktoren-Aggregates auf Stoppelfeld zur Steigerung der Geschwin-

[1] und nur auf ganz horizontalem Boden (die Redaktion)

digkeit des Radtraktors auf 9 km/h (und darüber) das Gewichts-Leistungsverhältnis $G : N_e = 48 \cdots 53$ kp/PS (und mehr) und für Kettenschlepper $35 \cdots 38$ kp/PS betragen muß.

Wirtschaftlichkeit des Kraftstoffverbrauches von Traktoren mit niedrigem Gewichts-Leistungsverhältnis bei Unterbelastung

Im Zusammenhang mit der Tatsache, daß Schnelltraktoren, die für Arbeiten mit einer Geschwindigkeit von 9 km/h und mehr bestimmt sind, über eine ziemlich hohe Motorleistung verfügen müssen, entsteht die Gefahr, daß sich bei einer Begrenzung der Arbeitsgeschwindigkeit des Traktors — z. B. im Zusammenhang mit einer Verschlechterung der agrotechnisch geforderten Arbeitsqualität — der Kraftstoffverbrauch infolge der Unterbelastung des Motors stark verschlechtert.

Die grafische Analyse des Einflusses der Geschwindigkeitsbegrenzung (Unterbelastung) auf den Kraftstoffverbrauch des Traktormotors ist in Abb. 5 dargestellt. Im ersten Quadranten ist die Abhängigkeit der Leistung, des spezifischen und stündlichen Kraftstoffverbrauches von der Drehzahl aufgezeichnet. Im vierten Quadranten sind die Geraden eingetragen, die die Veränderung der Fahrgeschwindigkeit v des Traktors in Abhängigkeit von der Kurbelwellendrehzahl n (ohne Berücksichtigung des Schlupfes) darstellen.

Wir setzen voraus, daß der Traktor reihengebundene Hackarbeiten durchführt. Im Zusammenhang mit der Gefahr der Pflanzenbeschädigung werden die Arbeitsbreite des Hackgerätes und die Fahrgeschwindigkeit durch den Wert v_1 begrenzt. Wir unterstellen, daß bei dieser Geschwindigkeit und Arbeitsbreite des Hackgerätes die Belastung bei der Grunddrehzahl (A — B) nicht voll ist und die Motorleistung N_{e1} beträgt; der ihr entsprechende spezifische Kraftstoffverbrauch beträgt b_{e1} (Abb. 5).

Bei Unterbelastungen des Motors, hervorgerufen — beispielsweise — durch Begrenzung der Arbeitsgeschwindigkeit oder andere Ursachen, kann der Kraftstoffverbrauch des Motors auf dem Wege der Drehzahlauswahl und der Veränderung des Übersetzungsverhältnisses im Getriebe erhöht werden. Um das mit Hilfe des Verstell-Reglers zu erreichen, muß dem Motor eine zweite Drehzahl n_2 vorgegeben werden, und um die vorgegebene Fahrgeschwindigkeit v_1 beizubehalten, muß vom I. in den IV. Gang umgeschaltet werden.

Es ist offensichtlich, daß bei unveränderter Arbeitsbreite des Hackgerätes und bei Beibehaltung der Fahrgeschwindigkeit auch die vom Motor entwickelte Leistung gleich bleibt. Wie aus der Darstellung zu ersehen ist, nähert sich die Motorbelastung bei der neuen Drehzahl der Vollast und der spezifische Kraftstoffverbrauch erreicht bei der Arbeit des Motors in diesem Drehzahlbereich fast den spezifischen Kraftstoffverbrauch bei Vollast im Bereich der Nenndrehzahl. Im zweiten Quadranten der Darstellung (Abb. 5) ist die Veränderlichkeitskurve des spezifischen Kraftstoffverbrauches b_e als Funktion der Motorleistung eingetragen. Diese Kurve (gestrichelt) zeigt, daß sich der Kraftstoffverbrauch bei Unterbelastung — hervorgerufen durch bereits genannte Umstände — im

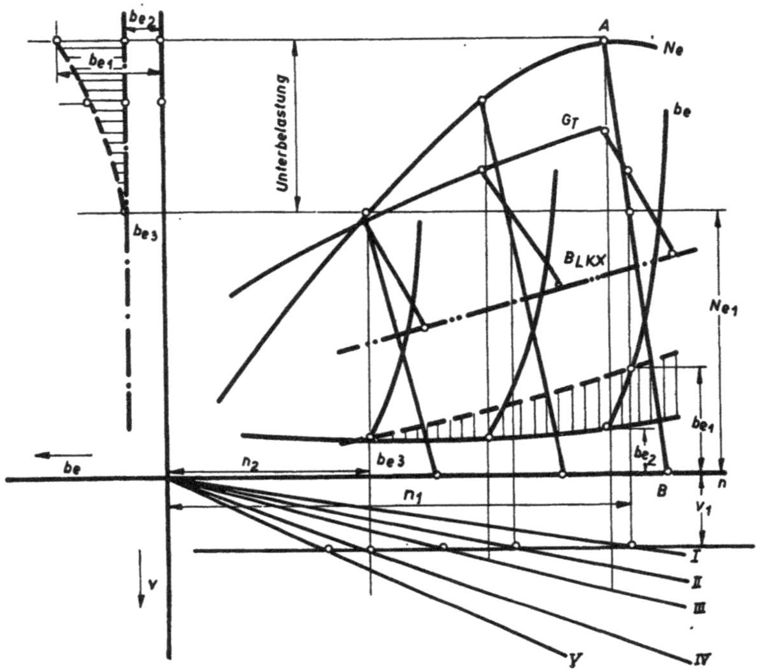

Abb. 5: Graphische Analyse der Kraftstoffwirtschaftlichkeit bei der Arbeit des Traktors bei Unterbelastung

Vergleich zum Kraftstoffverbrauch bei Vollast (strichpunktiert) ernsthaft verschlechtert. Die Senkung des spezifischen Verbrauchs von b_{e1} auf b_{e3} (gestrichelt) die durch entsprechende Drehzahlanpassung und Auswahl des Untersetzungsverhältnisses erreicht werden kann, ist im zweiten Quadranten in Abb. 5 dargestellt.

In Abb. 6 sind die Veränderlichkeitskurven für die Wirtschaftlichkeit bei Unterbelastung des Motors eines Kettentraktor-Funktionsmusters der Klasse 2 Mp (Versuche von TSCHA) eingetragen. Die angeführten experimentellen Werte unterstreichen die Möglichkeit der Stabilisierung der Kraftstoffwirtschaftlichkeit für Schnelltraktoren mit geringem Gewichts-Leistungsverhältnis bei Unterbelastung auf einem Niveau, das dem bei Vollast entspricht oder nahekommt.

Zur Erweiterung der Möglichkeiten eines Manipulierens mit Drehzahl und Übersetzung ist es notwendig, in den agrotechnischen Forderungen an neue Schnelltraktoren nach Möglichkeit die Anzahl der Gänge zu erhöhen. Aufgrund dessen, daß der hierdurch erreichbare ökonomische Effekt vom Kurvenverlauf des spezifischen Kraftstoffverbrauches der Drehzahlcharakteristik abhängen

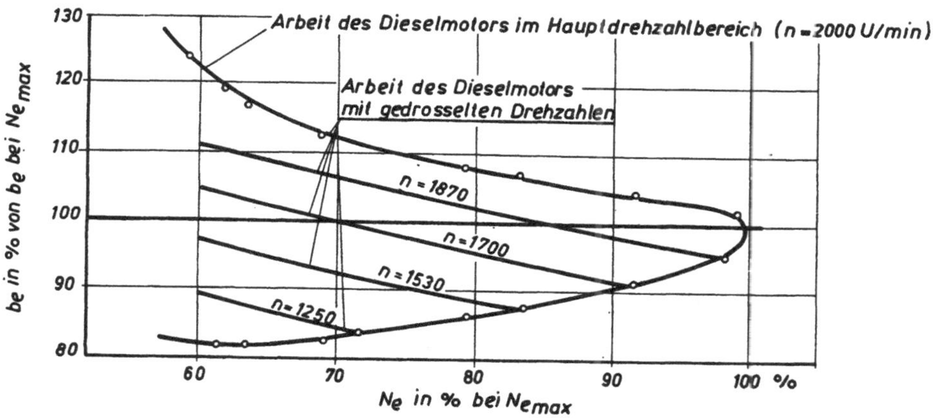

Abb. 6: Kurven der Treibstoffwirtschaftlichkeit bei der Arbeit des unterbelasteten Ketten-Schnelltraktors der Klasse 2 Mp

wird, ist es notwendig, in den agrotechnischen Forderungen an neue Schnelltraktoren das Gesetz der Veränderlichkeit dieser Kurve zu unterstellen.

Das Anfahren des Maschinen-Traktoren-Aggregates bei Erhöhung der Fahrgeschwindigkeit

In der Anfangsperiode der Bewegung des Maschinen-Traktoren-Aggregates entsteht mit der Beschleunigung eine zusätzliche Trägheitsbelastung; unter ihrer Wirkung kann die Kurbelwellendrehzahl des Motors bis zu der Grenze abfallen, bei welcher ein Anfahren unmöglich wird (Motor bleibt stehen). Davon ausgehend können beim Studium des Anfahrprozesses folgende Fragen zur Lösung gestellt werden: Bis zu welcher Grenze kann die Kurbelwellendrehzahl des Motors beim Anfahren abfallen? Von welchen Faktoren hängt dieser Drehzahlabfall ab und wodurch wird die Höhe des zulässigen Abfalls der Drehzahl bestimmt?

Entsprechend der gestellten Aufgabe wurde der Ausdruck zur analytischen Bestimmung des Minimalwertes für die Winkelgeschwindigkeit $\omega_{\min}$ beim Prozeß des Anfahrens abgeleitet, indem das Typen-Oszillogramm des Anfahrprozesses zugrundegelegt wurde. Die Ableitung dieses Ausdruckes wurde in den vom Autor veröffentlichten Artikeln dargelegt und wird hier nicht gebracht. Der Ausdruck zur Bestimmung des Minimalwertes für die Winkelgeschwindigkeit hat folgende Form:

$$\omega_{\min} = \left[\omega_L - \frac{K_3 \cdot M_t \cdot t_1 \left(1 - \frac{k}{\beta}\right)}{2\,\Theta_M}\right] \cdot \frac{\Theta_M (\beta - k_3)}{\Theta_M (\beta - k_3) + \Theta_N (\beta - k)} \tag{1}$$

ω_L Winkelgeschwindigkeit beim vom Regler aufrechterhaltenen Leerlauf des Morors;
k_3 Motorbelastungsgrad;
M_t Berechnetes Drehmoment am Motorausgang;
β Kupplungssicherheitsfaktor;
k Koeffizient der Anpassungsfähigkeit des Motors;
Θ_M auf die Kurbelwelle reduziertes Trägheitsmoment aller bewegten Motorteile;
Θ_N auf die Getriebeeingangswelle reduziertes Trägheitsmoment aller bewegten Teile des Traktors und des Aggregates;
t_1 Periode des Einkuppelns, welche auf der Grundlage experimenteller Materialien mit 1,5 s angenommen wird.

Die Wertunterschiede für $\omega_{\min}$, welche nach der Formel errechnet und experimentell bestimmt wurden, belaufen sich nicht über 4…10%.
Wenn die nach der Formel ermittelte Winkelgeschwindigkeit $\omega_{\min}$ größer als die noch zulässige ($\omega_{\min \text{ zul.}}$) ist, ist das Anfahren des Maschinen-Traktoren-Aggregates gewährleistet. Die zulässige Winkelgeschwindigkeit wurde nach der „Augenblicks"-Charakteristik als die dem Maximalwert der Drehmomentskurve entsprechenden Größe ermittelt. Auf der Grundlage dieser Kennlinie ist die zulässige Mindestwinkelgeschwindigkeit

$$\omega_{\min \text{ zul.}} = \omega_{\max} - (200 \cdots 300) .$$

Hier ist

$\omega_{M\max}$ dem Maximalwert $M_{\max}$ des Drehmoments entsprechende Winkelgeschwindigkeit, die nach der bei der Arbeit des Motors mit stationärer Belastung erhaltenen Kennlinie erhalten wurde.

Wie aus Gl. (1) zu ersehen ist, nimmt die Winkelgeschwindigkeit $\omega_{\min}$ mit dem Anwachsen von Θ_M bei Gleichbleiben aller anderen Bedingungen zu. Folgedessen wird ein Anfahren des Maschinen-Tranktoren-Aggregates bei größerem Θ_M leichter. Das Anwachsen von Θ_N aber erschert das Anfahren.
Wenn Gl. (1) nach Θ_M aufgelöst und $\omega_{\min}$ und Θ_N durch die Werte der zulässigen Winkelgeschwindigkeit und den möglichen Wert $\Theta_{N\max}$ ersetzt wird, erhalten wir die Gleichung zur Ermittlung des erforderlichen reduzierten Trägheitsmoments des Motors, bei welchem ein Anfahren des Maschinen-Traktoren-Aggregates durchführbar ist:

$$\text{(2)} \qquad \Theta_M = \frac{\beta - k}{\omega_L - \omega_{\min}} \left(\frac{\omega_{\min \text{ zul.}} \cdot \Theta_{N\max}}{\beta - k_3} \right) - \frac{k_3 \cdot M_t \cdot t_1}{2\beta} \Bigg) .$$

Verwendet man Gl. (1), kann man den Wert für die „kritische" Winkelgeschwindigkeit erhalten, bei welcher zum Anfahren des Maschinen-Traktoren-Aggregates eine Motorleistungsreserve erforderlich sein wird.
Die verschiedenen Größen, welche aufgrund der Untersuchungen des Anfahrprozesses am Kettentraktor der 2-Mp-Klasse in Gl. (1) eingehen, können wie folgt charakterisiert werden:
Die Erhöhung des Anpassungskoeffizienten k von 1,05 auf 1,2 brachte ein Anwachsen der Winkelgeschwindigkeit $\omega_{\min}$ um 10%. Bei anwachsendem β nimmt $\omega_{\min}$ ab.

Bei einer Veränderung des Belastungsgrades k_3 von 0,25 auf 1,0 sank die Winkelgeschwindigkeit um ungefähr 20%.

Schlupf erleichtert das Anfahren des Maschinen-Traktoren-Aggregates. Ein besonders starker Einfluß des Schlupfes macht sich beim Anfahren eines Maschinen-Traktoren-Aggregates mit einem Radtraktor bemerkbar. Die Anfahroszillogramme eines Maschinen-Traktoren-Aggregates mit Radtraktor zeigen, daß bei einem Belastungsgrad nahe 1 zu Beginn wegen des stark angewachsenen Schlupfes alle drehenden Teile des Traktors in Bewegung gesetzt werden, und erst dann erfolgt die Beschleunigung der Masse des Maschinen-Traktoren-Aggregates.

Die Resultate der Untersuchungen des Beschleunigungsprozesses eines Radtraktors werden gegenwärtig ausgewertet.

Der Einfluß des auf die Kurbelwelle bezogenen Massenträgheitsmoments des Motors auf den Beschleunigungsprozeß wurde an einem Funktionsmuster eines *Ketten*traktors experimentell untersucht. In Abb. 7 sind die Resultate dieser Untersuchungen eingetragen. Sie weisen ausschließlich einen wirksamen und positiven Einfluß des auf die Kurbelwelle bezogenen Massenträgheitsmoments des Motors auf den Wert $n_{min} = \omega_{min} \cdot 30/\pi$ und auf die Beschleunigungszeit t_{ges} aus.

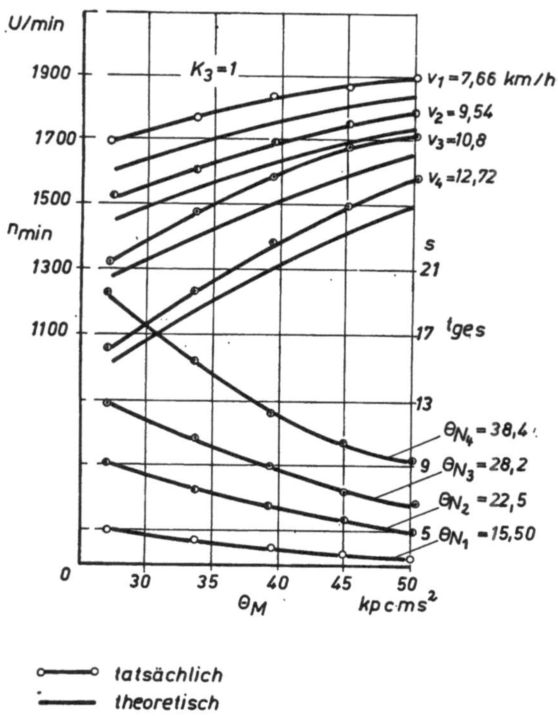

Abb. 7: Einfluß des reduzierten Trägheitsmoments Θ_M des Motors auf die Größe n_{min} und auf die Beschleunigungszeit

So erhöhte sich z. B. (Abb. 7) die Motordrehzahl $n_{\min}$ bei einer Vergrößerung des reduzierten Massenträgheitsmoments des Motors von 27,87 kpcms² auf 50 kpcms² bei einer Beschleunigung auf die Geschwindigkeit von 12,72 km/h (mit einem reduzierten Trägheitsmoment Θ_N von 38,4 kpcms² bei $k_3 = 1$) von 1050 U/min auf 1590 U/min, also etwa um 50%.

Die Untersuchungen des Beschleunigungsprozesses des Maschinen-Traktoren-Aggregates zeigten, daß bei Konstanthaltung des Verhältnisses $v : N_e$, d. h. bei einer Geschwindigkeitssteigerung mit gleichzeitiger Erhöhung der Motorleistung des Traktors, eine Verschlechterung der Beschleunigungseigenschaften des Aggregates nur unter der Bedingung auftritt, daß:

$$\Theta_{N2} > \Theta_{N1} \frac{N_{e2}^2}{N_{e1}^2}$$

wobei

Θ_{N2} reduziertes Massenträgheitsmoment des angetriebenen Teiles des Aggregates bei der Geschwindigkeitssteigerung von v_1 auf v_2;

Θ_{N1} reduziertes Trägheitsmoment des Aggregates bei der Geschwindigkeit v_1;

N_{e1} Leistung, die der Motor bei der Geschwindigkeit v_1 entwickelt;

N_{e2} Leistung, die der Motor bei der Geschwindigkeitssteigerung von v_1 auf v_2 haben wird.

Wenn bei der Beschleunigung bei erhöhter Geschwindigkeit die Bedingung

$$\Theta_{N2} \leqq \Theta_{N1} \frac{N_{e2}^2}{N_{e1}^2}$$

eingehalten ist, so wird die Beschleunigung des Maschinen-Traktoren-Aggregates genau so wie bei der Geschwindigkeit v_1 oder sogar mit weniger Schwierigkeiten erfolgen.

Schlußfolgerungen

Die theoretische Untersuchung des Beschleunigungsprozesses gestattete es, Gl. (1) zur Ermittlung von der Kleinst-Winkelgeschwindigkeit $\omega_{\min}$ zu empfehlen, die als Kriterium zur Beurteilung der Beschleunigungsmöglichkeit für das jeweilige Maschinen-Traktoren-Aggregat angenommen wurde.

In diesem Ausdruck sind eine Reihe konstruktiver und Einsatzfaktoren berücksichtigt, die auf den Beschleunigungsprozeß einwirken. Zu solchen Faktoren gehören: k, ω_L, k_3, Θ_M, Θ_N, β, t_1. Die theoretische und experimentelle Untersuchung ermöglichte die Feststellung des qualitativen und quantitativen Einflusses dieser Faktoren.

Gl. (1) wurde zur Ermittlung des auf die Kurbelwelle bezogenen erforderlichen Massenträgheitsmoments Θ_M der mit der Kurbelwelle verbundenen Massen des Motors verwendet, bei welchem die Beschleunigung des Maschinen-Traktoren-Aggregates bei der jeweiligen Endgeschwindigkeit mit dem entsprechenden Massenträgheitsmoment Θ_N des angetriebenen Teils des Aggregates gewährleistet wird.

Die Anwendung von Gl. (2) bei der Projektierung neuer Traktoren gestattet die Beschleunigung des Maschinen-Traktoren-Aggregates mit Schnelltraktoren ohne Leistungsreserve.

Alle Resultate dieser Untersuchung wurden bei der Ausarbeitung agrotechnischer Forderungen an neue Schnelltraktoren berücksichtigt.

Einfluß ungleichmäßiger Belastung auf die Leistung des Traktormotors

Eine ungleichmäßige Belastung des Traktormotors wird durch die Größe des Ungleichförmigkeitsgrades δ_K des widerstehenden Moments und durch die Periode der Momentenveränderung T charakterisiert. Der Ungleichförmigkeitsgrad des widerstehenden Momentes ist gleich

$$\delta_K = \frac{M_{w\max} - M_{w\min}}{M_w},$$

wobei

$M_{w\max}$, $M_{w\min}$ und M_w Maximal-, Minimal- und Mittelwert des widerstehenden Momentes sind.

Die Periode T des widerstehenden Momentes ist durch folgenden Ausdruck mit der Kreisfrequenz ω verbunden:

$$\omega = \frac{2\pi}{T}.$$

Beim Pflügen erreichen δ_K und T ihre Höchstwerte; sie betragen

$$\delta_K = 0{,}3 \cdots 0{,}4 \; ; \qquad T = 1 \cdots 2 \text{ Sekunden}.$$

Die ungleichmäßige Belastung — charakterisiert durch die Größen δ_K und T — ruft eine Schwankung der Kurbelwellendrehzahl des Motors hervor. Die ununterbrochenen Drehzahlschwankungen senken die Motorleistung und erhöhen den spezifischen Kraftstaffverbrauch um so mehr, je größer die Amplitude Δn der Drehzahlschwankungen ist. Wie die Untersuchungen zeigten, sinken Leistung und Kraftstoffverbrauch des Motors bei einer Veränderung der Größe δ_K von Null auf 0,3 (bei $T = 2$ s) etwa um 20⋯25%.

In Abb. 8 ist die Leistung bei ungleichmäßiger Belastung N_{eu} in Abhängigkeit von der Amplitude der Drehzahlschwankungen Δn dargestellt, welche durch die Belastungsschwankungen hervorgerufen werden, wobei N_{eu} als Teil der Leistung N_e ausgedrückt ist, welche bei stationärer Belastung entwickelt wird. Aus dieser Darstellung ist ersichtlich, daß der Leistungsabfall bei der Arbeit unter ungleichmäßiger Belastung mit Regler größer ist, als bei der Arbeit mit arretierter Regelstange der Einspritzpumpe, d. h. bei ausgeschaltetem Regler. Die Erhöhung des Unempfindlichkeitsgrades des Reglers verringert den Einfluß der Bealstungsschwankungen auf die Leistung des Motors.

Auf der Grundlage der Ergebnisse theoretischer und experimenteller Untersuchungen (Abb. 8) bei der Arbeit des Traktormotors mit Regler bei ungleich-

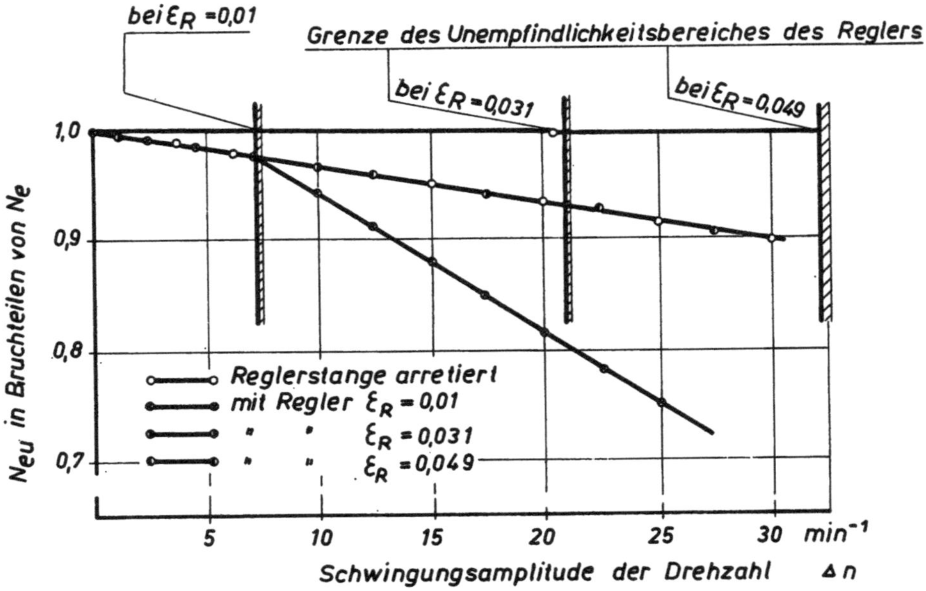

Abb. 8: Schwankung der Motorleistung in Abhängigkeit von der Größe der Schwingungsamplitude der Drehzahl

mäßiger Belastung kann die Motorleistung N_{eu} bestimmt werden, indem der empirisch-analytische Ausdruck

$$N_{eu} \approx N_e \,(1 + 0{,}00584\, \varepsilon_R \cdot n - 0{,}015\, \Delta n)$$

oder

$$N_{eu} \approx N_e \,(1 + 0{,}00584 \cdot \varepsilon_R \cdot n - \frac{0{,}0716 \cdot M_w \cdot \delta_K \cdot m}{\Theta_{\Sigma a} \left\{ \left[\frac{2{,}55 \cdot M_t\,(k-1)}{\Theta_{\Sigma a}\,(1-a_1)\, n} \right] + m^2 \right\}} \tag{3}$$

verwendet wird, wobei

- N_e Motorleistung bei stationärer Belastung;
- ε_R Unempfindlichkeitsgrad des Reglers;
- n mittlere Drehzahl bei Belastungsschwankung;
- Δ_n Amplitude der Drehzahlschwankungen bei Belastungsschwankung;
- $\Theta_{\Sigma a}$ auf die Kurbelwelle bezogenes Massenträgheitsmoment aller bewegten Teile des Aggregates;
- M_w mittleres Moment des Widerstandes;
- M_t berechnetes Drehmoment am Motorausgang;
- k Anpassungskoeffizient;
- a_1 Koeffizient, $a_1 = n'/n''$, wobei n' und n'' Drehzahlen bei maximalem Drehmoment und beim Moment mit maximaler Leistung sind.

Die Veränderung der Kennwerte für Leistung und Wirtschaftlichkeit bei der Arbeit mit ungleichmäßiger Belastung wird durch den Einfluß der Drehzahlenschwankungen auf die Höhe der inneren Verluste und vor allem auf den Verlauf

der Zylinderfüllprozesse, der Gemischbildung und Verbrennung hervorgerufen. Wie aus Gl. (3) ersichtlich, kann die Amplitude der Drehzahlschwankungen — hervorgerufen durch periodische Veränderungen des widerstehenden Momentes — auf dem Wege der Vergrößerung des reduzierten Trägheitsmoments $\Theta_{\Sigma a}$ des Maschinen-Traktoren-Aggregates verringert werden.
Die Verringerung der Amplitude der Winkelgeschwindigkeits-(Drehzahl-)-schwankungen ermöglicht dem Traktormotor sogar bei einem kleinen Unempfindlichkeitsgrad ε_R des Reglers normal zu arbeiten.
Aus dem Dargelegten geht hervor, daß die Arbeitsbedingungen des Motors (charakterisiert durch die Größen M_w, δ_K, T und m), der Unempfindlichkeitsgrad des Reglers ε_R und das reduzierte Massenträgheitsmoment $\Theta_{\Sigma a}$ des Maschinen-Traktoren-Aggregates in Wechselbeziehung stehen (Abb. 9).

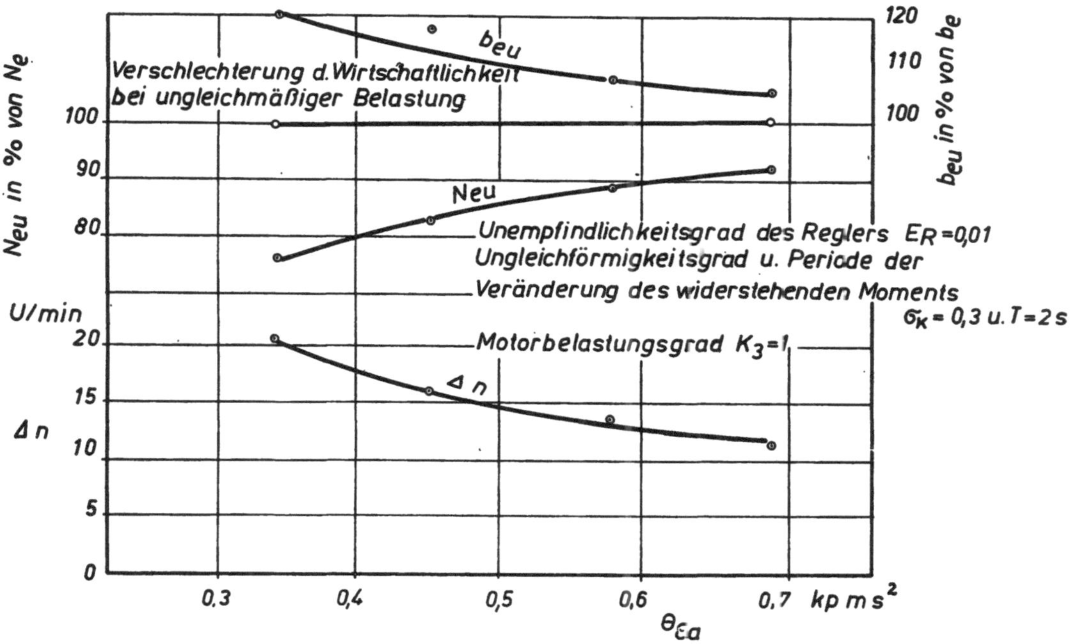

Abb. 9: Einfluß des reduzierten Trägheitsmomentes $\Theta_{\Sigma a}$ des Maschinen-Traktoren-Aggregates auf die Schwingungsamplitude von Drehzahl, Motorleistung und Kraftstoffverbrauch bei ungleichmäßiger Belastung

Die theoretischen und experimentellen Untersuchungen ermöglichen die Aufstellung einer Formel zur Bestimmung des Wertes $\Theta_{\Sigma a}$, ausgehend von den Arbeitsbedingungen des Traktormotors und seinen Kennwerten:

$$\Theta_{\Sigma a} = \frac{\dfrac{M_w \cdot \delta_K\, m}{\varepsilon_R \cdot \omega_m} + \sqrt{\left(\dfrac{M_w \cdot \delta_K \cdot m}{\varepsilon_R \cdot \omega_m}\right)^2 - 4\, m^2 \left(\dfrac{M_{te}\,(K-1)}{(1-a_1)\cdot \omega_m}\right)^2}}{2\, m^2}. \tag{4}$$

Hierin bedeutet

ω_m den Mittelwert der Winkelgeschwindigkeit der Kurbelwelle.

Mit Hilfe des gefundenen Wertes $\Theta_{\Sigma a}$ kann zuerst der Wert des reduzierten Massenträgheitsmoments des Motors Θ_m und dann seines Schwungrades Θ_S ermittelt werden.

Schlußfolgerungen

Die Arbeit des Traktormotors mit ungleichmäßiger Belastung ist von bedeutendem Leistungsabfall und von einer Verschlechterung der Wirtschaftlichkeit begleitet. Eine Verbesserung der Arbeitskennwerte des Traktormotors bei ungleichmäßiger Belastung kann durch die Verringerung der Amplitude der Winkelgeschwindigkeits-(Drehzahl-)schwankungen erreicht werden.

Bei einem reduzierten Trägheitsmoment des Maschinen-Traktoren-Aggregates, das nach Gl. (4) bestimmt wurde, gehen die Schwankungen der Winkelgeschwindigkeit nicht aus dem Unempfindlichkeitsbereich des Reglers hinaus, und die Verschlechterung der Arbeitskennwerte des Motors ist gering.

Die vorgelegten Resultate der Untersuchungen spiegelten sich bei der Ausarbeitung agrotechnischer Forderungen an neue Schnelltraktoren wider.

Untersuchungen des Einflusses der Geschwindigkeit auf die Arbeitsbedingungen des Traktoristen, die Festigkeit und Haltbarkeit der Traktorenteile

Fragestellung: Zur Bestimmung der Arbeitsbedingungen des Traktoristen und des Einflusses der Fahrgeschwindigkeit auf die Veränderung dieser Bedingungen wurden im NATI (Leitinstitut auf diesem Gebiet wissenschaftlicher Forschungsarbeiten) zusammen mit den Moskauer und Ukrainischen Instituten für Arbeitsschutz und Arbeitshygiene, sowie im Bjelorussischen Institut für die Mechanisierung der Landwirtschaft und im Minsker Traktorenwerk umfangreiche Untersuchungen und Konstruktionsarbeiten durchgeführt. Diese Untersuchungen zeigten, daß die Arbeitsbedingungen für den Traktoristen sowohl auf gewöhnlichen als auch auf Schnelltraktoren nicht den Forderungen entsprechen. Staub- und Gasentwicklung, Lufttemperatur in der Fahrerkabine sowie Lärmbelästigung, Vibration und Niederfrequenzstöße überschreiten die zulässigen Grenzen. Auf der Grundlage der von NATI durchgeführten Untersuchungen wurden Maßnahmen zur Verbesserung der Arbeitsbedingungen für den Traktoristen erarbeitet.

Kurzcharakteristik der Maßnahmen zur Verbesserung der Arbeitsbedingungen

Zur Lärmminderung in der Fahrerkabine wurden auf der Grundlage allseitiger Untersuchungen folgende Maßnahmen ausgearbeitet und teilweise durchgeführt: Durch die Einführung elastischer Polster in die Motoraufhängung auf dem

Traktorrahmen und die Verbesserung der Wirksamkeit der Auspuffgeräuschdämpfung können Lärm und Vibration in der Fahrerkabine sehr merklich verringert werden. Durch die Schaffung einer hermetisch abgeschlossenen Kabine (mit Boden, Vorder- und Hinterwand) mit Klimaanlage und durch Anwendung lärmabsorbierenden Materials und durch Montage dieser Kabine auf Stoßdämpfern können Staub- und Gasentwicklung, Temperatur, Lärm und Vibration ebenfalls stark reduziert werden.
Die im NATI, BIMSCH und MTS projektierten und gebauten Versuchsmuster von Traktorensitzen zeigten die Möglichkeit einer bedeutenden Dämpfung der Niederfrequenzschwingungen (um 2···4mal), die während der Fahrt des Traktors auftreten. Die Dämpfung wird durch das System der Sitzaufhängung und der Einbeziehung von Dämpfungsfedern und Stoßdämpfern in die Konstruktion erreicht, die in Abhängigkeit von der Masse des Traktoristen einstellbar sind.
Die Resultate der auf die Verbesserung der Arbeitsbedingungen gerichteten Untersuchungen und konstruktiven Ausarbeitungen sind in den erarbeiteten agrotechnischen Forderungen berücksichtigt.

Festigkeit und Haltbarkeit

Die Erhöhung der Fahrgeschwindigkeit der Maschinen-Traktoren-Aggregate über 9 km/h bedeutet eine nennenswerte Steigerung des Belastungsbereichs für einen Traktor, die zwangsläufig eine Erhöhung der Beanspruchungen und Spannungen in den Baugruppen zur Folge hat. Zur Kennzeichnung des Grades der Belastungserhöhung im Zusammenhang mit der Steigerung der Fahrgeschwindigkeit von Maschinen-Traktoren-Aggregaten bis 9 km/h kann folgendes Beispiel angeführt werden: Die Leistung, bezogen auf 1 Kilogramm Metall, aus dem der Traktor gefertigt ist, wächst um das 1,5···2fache im Vergleich mit analogen Kennwerten der vorhandenen Schnelltraktoren.
Zur Ermittlung des Einflusses der Geschwindigkeit auf Festigkeit und Haltbarkeit der Teile von Schnelltraktoren wurden im NATI, WIM, GOSNITI, WISCHOM, UNIMESCH und im Dnjepropetrowsker Landwirtschaftlichen Institut (SCHI) entsprechende Untersuchungen durchgeführt. Diese Untersuchungen zeigten, daß die Spannungen in den einzelnen Elementen der Tragkonstruktionen und in den erhöhten Belastungen unterworfenen Teilen wesentlich ansteigen. Neben dem bedeutenden Anwachsen der Spannungen in einer Reihe von Teilen gibt es jedoch Teile und Elemente, die sehr schwach belastet sind.
Die Analyse der bei diesen Untersuchungen erhaltenen Ergebnisse zeigte, daß man durch Querschnittsverstärkung der einen bei gleichzeitiger Verringerung der Querschnitte anderer Teile oder aber durch die Anwendung besseren Materials für erhöht spannungsbelastete Teile eine feste Konstruktion ohne Vergrößerung der Maschinenmasse erhalten kann.
Die von NATI durchgeführten grundlegenden Untersuchungen zeigten bedeutende Reserven in der Kraftübertragung der Traktoren, deren Nutzung es ermöglicht, eine bedeutend höhere Motorleistung des Schnelltraktors ohne Erhöhung der Gesamtmasse des Triebwerkes zu übertragen.

Die Erhöhung des Verschleißes von Teilen des Traktoren-Laufwerkes kann durch konstruktive Maßnahmen, durch die Anwendung von Material besserer Qualität und besserer Schmierstoffe sowie durch andere Mittel lokalisiert werden.

Die Untersuchung des Einflusses der Fahrgeschwindigkeit auf Festigkeit und Haltbarkeit der Traktoren wird fortgesetzt. Jedoch lassen die bereits erhaltenen Materialien erkennen, daß eine Steigerung der Arbeitsgeschwindigkeit bis 9 km/h ohne merkliche Vergrößerung der Gesamtmasse der Konstruktion und ohne Verkürzung der garantierten Laufzeiten für Traktoren möglich ist.

Die Materialien dieser Untersuchungen wurden bei der Ausarbeitung agrotechnischer Forderungen und bei Ermittlung einer Reihe von Kennwerten für neue Schnelltraktoren berücksichtigt.

Ein endgültiges Urteil über den Einfluß der Geschwindigkeit auf die Festigkeit und Haltbarkeit von Schnelltraktoren, die für die Arbeit mit Geschwindigkeiten von 9···15 km/h vorgesehen sind, wird vorerst auf der Grundlage von Resultaten aus den Vergleichsprüfungen der Maschinen-Traktoren-Aggregate mit Schnelltraktoren-Funktionsmustern und dann mit speziell projektierten (auf der Grundlage der agrotechnischen Forderungen) Schnelltraktoren abgegeben werden können.

Zusammenfassung

Im vorliegenden Aufsatz wird die Bedeutung der Erhöhung der Arbeitsgeschwindigkeiten von Maschinen-Traktoren-Aggregaten für die Steigerung der Arbeitsproduktivität bei landwirtschaftlichen Produktionsprozessen dargelegt. Dabei werden alle Probleme, die sich aus der Erhöhung der Arbeitsgeschwindigkeit ergeben, wie z. B. Tendenz der Verschlechterung des Traktorenwirkungsgrades und der Arbeitsqualität, starkes Ansteigen des Zugwiderstandes der landwirtschaftlichen Maschinen und Geräte, Verschlechterung der Arbeitsbedingungen für das Bedienungspersonal, Anwachsen der Beanspruchung der Teile und Baugruppen und damit Verschlechterung der Betriebssicherheit u. a. eingehend behandelt. Auf der Grundlage von Erfahrungen, umfangreichen experimentellen Untersuchungen und theoretischen Berechnungen werden Reserven und Möglichkeiten aufgedeckt, die eine wesentliche Steigerung der Arbeitsgeschwindigkeiten von Maschinen-Traktoren-Aggregaten ökonomisch vorteilhaft werden lassen.

Die Entwicklung von Schnelltraktoren — das Kernproblem des vorliegenden Aufsatzes — wird in zwei Etappen aufgegliedert:

1. Entwicklung von Schnelltraktoren für die Arbeit mit landwirtschaftlichen Maschinen und Geräten bei Geschwindigkeiten von 5···9 km/h.
2. Entwicklung von Schnelltraktoren, Landmaschinen und Geräten, die für Arbeitsgeschwindigkeiten über 9 km/h einsetzbar sind.

Für die erste Etappe wird vor allem auf die technische und ökonomische Zweckmäßigkeit der Geschwindigkeitssteigerung, auf die Erfahrungen bei der Einführung sowie auf den Inhalt und die Ergebnisse der Arbeiten zur Einführung erhöhter Arbeitsgeschwindigkeiten in die landwirtschaftliche Produktion eingegangen.

Für die zweite Etappe werden die Aufgabenstellung und die allgemeine Charakterisierung der durchzuführenden Forschungsarbeiten, die wissenschaftlichen Grundlagen agrotechnischer Forderungen an entsprechende Schnelltraktoren, die Untersuchungen des Einflusses der Geschwindigkeit auf die Arbeitsbedingungen des Traktoristen, die Festigkeit und Haltbarkeit der Traktorenteile und die Maßnahmen zur Verbesserung der Arbeitsbedingungen dargelegt. Die Ausführungen zur zweiten Etappe der Entwicklung von Schnelltraktoren sind stark theoretisch untermauert.

Выводы

В настоящей работе излагается большое значение повышения рабочих скоростей машинно-тракторных агрегатов для увеличения продуктивности сельскохозяйственных рабочих процессов. Всесторонне обсуждаются все вопросы, касающиеся повышения рабочих скоростей, как снижение тягового КПД и качества работы, сильное возрастание тягового сопротивления сельскохозяйственных машин и орудий, ухудшение условий работы тракториста, повышение нагрузки деталей и узлов, ухудшение эксплуатационной надежности и.т.д. Используя накопленный опыт и широкие опытные и теоретические исследования, выявляются резервы и возможности эффективного и рентабельного повышения рабочих скоростей машинно-тракторных агрегатов.

Основная проблема настоящей работы — разработка скоростных тракторов — разделяется на два этапа:

1. Разработка скоростных тракторов для работы в агрегате с сельскохозайственными машинами и орудиями при скорости 5—9 км/ч.
2. Разработка скоростных тракторов ,сельскохозайственных машин и орудий для рабочих скоростей выше 9 км/ч.

К вопросам первого этапа главным образом относятся техникоэкономическая целесообразность и опыт внедрения повышенных скоростей, а также тематика и результаты работ по внедрению повышенных рабочих скоростей в сельско-
и результаты работ по внедрению повышенных рабочих скоростей в сельско-
хозайственном производстве.

Ко второму этапу относятся следующие темы: проблематика и общая характеристика предусмотренных научно-исследовательских работ, научные основы агротехнических требований к скоростным тракторам, исследование влияния скорости движения на рабочие условия тракториста, прочность и износостойкость деталей трактора, мероприятия для улушения рабочих условий. Изложения о втором этапе развития скоростных тракторов обосновываются обширными соображениями теоретического характера.

Summary

The impotance of increased operating speed of machinery and tractor sets for increased labour productivity in agricultural processes is explained in this paper. All problems which might result from increased working speed are considered, e.g. the trend towards deterioration of tractor efficiency and quality of performance, heavy increase of tractional resistance in agricultural machinery and appliances, deterioration working conditions for the operator, increased stress upon parts and structural units which implies a reduction of safety, etc.. Indications are given on the basis of experience, comprehensive experimental studies, and theoretical calculation as to reserves and possibilities to let an essential increase of operating speeds for machinery and tractor sets become favourable from the economic point of view.

The development of high-speed tractors, the main problem of the paper, is considered in two stages:

1. Development of high-speed tractors for agricultural machinery and appliances with the speeds being between 5 and 9 km/h.
2. Development of high-speed tractors, agricultural machinery, and appliances for operating speeds beyond 9 km/h.

The first stage is considered in relation to technical and economic advantages implied in speed increase, experience from introduction, methods and results of work in the introduction of increased operating speeds to agriculture.

The second stage is considered in relation to the objektives and general characteristics of the research to be done, scientific fundamentals of agrotechnical demands to proper high-speed tractors, studies on the effect of speed on the working conditions of tractorists, strength and durability of parts, and measures for an improvement of working consitions. The second stage in the development of high-speed tractors is explained on a strong theoretical basis.

Aus der landwirtschaftlichen Hochschule Szczecin[1]

JOSEF JODLOWSKI

Dynamik des Schneidwerkantriebes mit elastischer Kurbelwelle

Eingegangen: September 1964

1. Anlaß der Versuche

Die Steigerung der Flächenleistung der Schneidwerke kann durch größere Schnittbreite und höhere Fahrgeschwindigkeit erreicht werden. Die Fahrgeschwindigkeit wird einerseits durch die Bodenverhältnisse (Geländegestaltung und Bodenzustand), andererseits durch die Messergeschwindigkeit beschränkt. Durch die Unebenheit der Bodenfläche kann die Geschwindigkeit von 12 bis 14 km/h meist nicht überschritten werden. Das Schneidwerk mit normalem Scherenschneidsystem muß mit größerem Schnittverhältnis, d. h. dem Verhältnis von mittlerer Messergeschwindigkeit zur Fahrgeschwindigkeit, als $K = 1{,}2$ arbeiten, um die erforderliche Arbeitsqualität zu erreichen. Zum Beispiel erforderte das Mähwerk Typ E 092 des VEB „Fortschritt", Erntebergungsmaschinen, Neustadt/Sachsen, bei einer Fahrgeschwindigkeit von 14 km/h eine mittlere Messergeschwindigkeit von 4 m/s, die mit 1600 U/min der Kurbelwelle erzielt werden könnte. Die errechneten Spitzenwerte der Massenträgheitskraft könnten dann am Messerkopf den Wert von rd. ± 300 kp erreichen. Die gemessenen Spitzenwerte sind jedoch bedeutend höher. Die Kräfte in der Kurbelstange würden voraussichtlich den Wert von etwa ± 800 kp betragen. Die Amplituden würden dementsprechend rd. 1000 kp für die Messerkopfkraft und etwa 1600 kp für die Kurbelstangenkraft erreichen. Das würde mit einer Frequenz von etwa 25 Hz erfolgen, d. h. die Richtung dieser Kräfte würde 50mal je Sekunde wechseln. Die Stärke der im Mähwerk E 092 eingesetzten Maschinenelemente wäre jedoch für die oben errechneten Werte ungenügend, eine Verstärkung hätte allerdings eine weitere Steigerung der Kräfte zur Folge. Offenbar scheint sich also die Notwendigkeit zu ergeben, andere Konstruktionslösungen für das Mähwerk zu finden, um den Anforderungen der Landwirtschaft gerecht zu werden.

2. Der Stand der Konstruktion der Mähwerke

Die Steigerung der Schnittgeschwindigkeit und der Arbeitsbreite des Mähwerkes ist Voraussetzung für die Erarbeitung neuer Konstruktionen. Dabei ergibt sich die Notwendigkeit, die Massenkräfte in den Konstruktionselementen des Mähwerkes zu vermindern oder die kinetische Energie zu speichern und zum Schneiden der Halme auszunutzen. In dieser Richtung wurden viele Untersuchungen angestellt, die teilweise neue Konstruktionen des Mähwerkes zur

[1] Z. Zt. Institut für Mechanisierung der Landwirtschaft Potsdam-Bornim

Folge hatten. Bis jetzt wurden sie aber nur für spezielle Mähmaschinen angewendet, z. B. für Rasenmähmaschinen und Böschungsmäher für Entwässerungsgräben. Für Großflächenmähwerke wird weiter das normale Scherenschneidsystem mit Kurbelantrieb verwendet.
Es gibt verschiedene Varianten des Mähwerks:

2.1. Das normale Mähwerk

Die Teilung zwischen benachbarten Fingern beträgt

$$b = 75 \text{ mm (oder 3 Zoll} = 76{,}2 \text{ mm)},$$

der Hub der Messerklinge

$$s \approx t \approx 76 \text{ mm}.$$

2.2. Der Schneidwerkstyp mit doppeltem Messerhub und normaler Teilung

$$s \approx 2\,t$$

Die Kurbelumdrehungszahl beträgt bei diesem Mähwerk die Hälfte der Umdrehungen normaler Mähwerke. Die Massenkräfte werden zwar dabei vermindert, allerdings verschlechtert sich die Qualität der Mahd bedeutend, besonders beim Grasmähen.

2.3. Das Schneidwerk für Tiefschnitt

Die Fingerteilung ist halb so groß wie die des normalen Mähwerks, der Messerhub bleibt dagegen derselbe.

$$t = 38 \text{ mm}$$
$$s \approx 2\,t \approx 76 \text{ mm}.$$

Dieses Schneidwerk bewährt sich gut beim Mähen von Gras mit dünnen, biegsamen Halmen. Wegen geringerer Möglichkeit des seitlichen Abbiegens der Halme verbleibt ein kürzeres Stoppelfeld, und damit verringert sich der Verlust an Grünmasse.

2.4. Das Schneidwerk für den sogenannten Mittelschnitt

Die Fingerteilung beträgt am häufigsten

$$t = 50 \cdots 52 \text{ mm},$$

der Messerhub

$$s \doteq 80 \cdots 120 \text{ mm}$$

Die Messerklingen kommen entweder nicht unter den Fingern zum Stillstand oder nur in einer der Seitenlagen.

2.5. Das fingerlose Doppelmesser-Mähwerk

Dieser Schneidwerktyp besitzt meist zwei gegenläufig angetriebene Mähmesser, die durch federnde bewegliche Messerhalter aufeinander gedrückt werden. Sie werden entweder mittels Kurbelstange oder durch den unmittelbar in den Innenschuh des Mähwerkes eingebrachten Mechanismus angetrieben. In solchen Mähwerken wird der Massenausgleich fast völlig erzielt.

2.6. Die Mähwerke mit Schwingantrieb

Bis jetzt werden die Mähwerke mit Schwingantrieb in Versuchsserien hergestellt. Sie finden z. Zt. Anwendung für Schlepper, bei denen der Anbau eines mechanischen Antriebs Schwierigkeiten macht. Das Schwingantriebssystem hat aber im Vergleich zum mechanischen Antrieb einen besonderen Vorteil — die Möglichkeit der Erzielung verhältnismäßig großer Messergeschwindigkeit durch Energiespeicherung und Senkung der Massenträgheitskräfte. Als Energiespeicher können Stahl-, Gas- und Ölfeldern verwendet werden.

3. Die Versuchstechnik

Man kann versuchen, die ungünstigen Massenwirkungen im normalen Mähwerk mit Kurbelantrieb mittels elastischer Konstruktionselemente zu senken. Die Abhängigkeit der kinematischen und dynamischen Größen von der Elastizität der Antriebswelle eines Mähwerkes war Gegenstand der Untersuchungen, die im Institut für Mechanisierung der Landwirtschaft Potsdam-Bornim durchgeführt wurden. Auf Grund früherer Untersuchungen konnte man erwarten, daß die Elastizität der Antriebselemente einen bestimmten Einfluß auf die Dynamik des Mähwerkes ausübt. Dieser Einfluß wurde durch Messungen der Messerkopfkraft, Messerbeschleunigung, Kurbelstangenkraft, des Drehmoments und der Winkelgeschwindigkeit untersucht und ermittelt.

3.1. Das untersuchte Mähwerk

Es wurde ein Anbaumähwerk Typ E 092/1 untersucht (Abb. 1). Dieses Mähwerk ist an die Schlepper des Typs RS 14/30, RS 14/36 und RS 14/46 mit einem rechtsgeführten Seitenschneidwerk zwischenachsig anzubauen. Der Antrieb des Mähmessers erfolgt von der Schlepperzapfwelle aus über 4 Keilriemen (13×8 × 900), Kurbelscheibe und Mähkurbelstange.

Abb. 1: Mähwerk Typ E 092 am Prüfstand

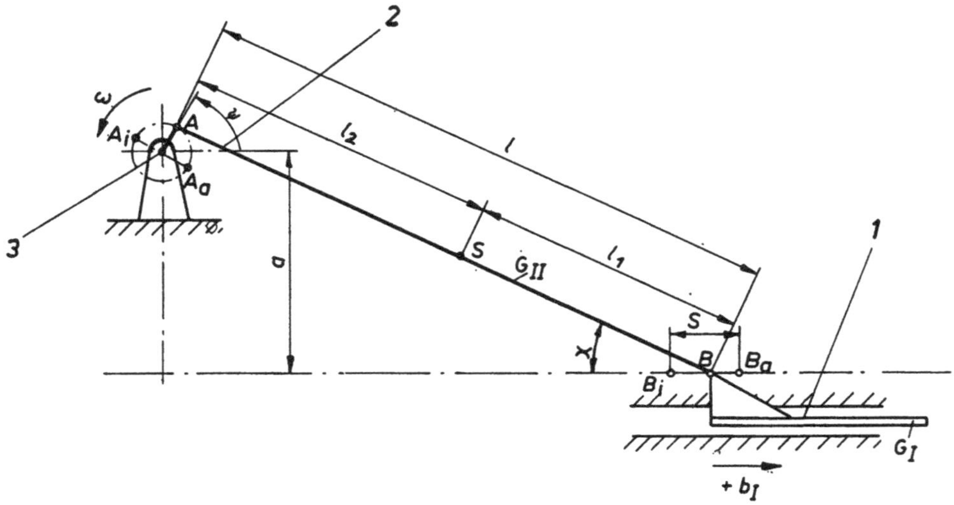

Abb. 2: Kinematisches Schema des untersuchten Mähwerkes und Anordnung der Meßstellen

1. Messerbeschleunigung- und Messerkraftmeßstelle
2. Kurbelstangenkraftmeßstelle
3. Drehmoment- und Winkelgeschwindigkeitsmeßstelle

Erläuterungen zu Abb. 2:

Gewicht des Anbaumähwerkes		120,3 kp
Kurbeldrehzahl der Originalausführung	$n =$	879 U/min
Winkelgeschwindigkeit der Kurbel	$\omega = n/30 =$	92 t/s
Zapfwellendrehzahl		540 U/min
Fingerteilung	$t =$	76,2 mm
Schnittbreite		1500 mm
Messerhub	$s =$	76 mm
Mittl. Messergeschwindigkeit	$V_m =$	2,23 m/s
Kurbelwinkel	ψ	
Neigungswinkel der Schubstange (mittlerer)	1 =	19°20′
Kurbelradius	$r =$	38,1 mm
Schubstangenlänge	$l =$	1055 mm
Schwerpunktsabstand vom Messerkopf	$l_1 =$	470 mm
Schwerpunktsabstand vom Kurbelzapfen	$t_2 =$	585 mm
Schränkung	$a =$	350 mm
Schubstangenverhältnis	$\lambda = r:l =$	0,036
Schränkungsverhältnis	$\beta = a:l =$	0,33
Äußere Totlage des Messerkopfes	B_a	
Innere Totlage des Messerkopfes	B_i	
Zugehörige Kurbelstellungen	A_a, A_i	
Messergewicht	$G_I =$	3,6 kp
Messermasse	$m_I =$	0,368 kps²/m
Messergewicht (ohne Messerkopf)	$G'_I =$	2,9 kp
Messermasse (ohne Messerkopf)	$m_I =$	0,3 kps²/m
Schubstangengewicht	$G_{II} =$	3,05 kp

Schubstangenmasse	m_{II} =	0,308 kps²/m
Kurbelscheibengewicht (einschließlich Kurbelzapfenlager)	G_{III} =	6,4 kp

4. Die Meßtechnik

Die Untersuchungen wurden am Prüfstand in der Versuchshalle und im Feldeinsatz durchgeführt. Das Mähwerk wurde am Prüfstand auf dieselbe Art und Weise, wie dies am Schlepper vorgesehen ist, befestigt. Der Antrieb wurde, ebenfalls wie am Schlepper, durch 4 Keilriemen und über eine Gelenkwelle von einem Elektromotor ausgeübt. Die Umdrehungszahl des Motors wurde durch einen Leonardsatz stufenlos geändert. Der Mähbalken lag auf einer Kokosmatte, um den Einfluß der harten Betonfläche auf die Schwingungen des Mähwerkes zu vermeiden.

Die Messungen wurden am Prüfstand im Leerlauf des Messers durchgeführt. Dabei wurde ein elektrisches Meßverfahren angewandt, wobei die Kräfte mittels Dehnungsmeßstreifen ermittelt wurden. Am Mähmesser wurde die horizontale Kraft nahe dem Messerkopf gemessen (Abb. 3). Ein Teil der schrägen Rippe des Messerkopfes wurde dafür ausgeschnitten und die Dehnungsmeßstreifen an der Ober- und Unterseite des Mähmessers angeklebt. Um den Einfluß der Temperatur zu beseitigen, wurden auch Kompensationsstreifen daneben angebracht. Die vom Biegemoment herrührenden Einwirkungen wurden durch Ankleben der Meßstreifen unmittelbar gegenüber an beiden Seiten des Balkens kompensiert und beseitigt. Der Meßgeber wurde mit einem mechanischen Kraftmesser geeicht.

Zur Ermittlung der Kurbelstangenkraft wurden die Dehnungsmeßstreifen auf der Holzstange nahe der Kurbel engeklebt.

Abb. 3: Mähmesserbalken mit Beschleunigungs- und Messerkraftmeßgebern

Die Messerbeschleunigung wurde mit einem induktiven Meßgeber aufgenommen. Er wurde am Mähmesser neben dem Messerkopf befestigt.
Zur Messung des Drehmoments an der Kurbelwelle wurde ein besonderer Drehmomentübertrager gebaut (Abb. 4). Er besteht aus der Innen- und Außenwelle, die beide mittels Gewinde und Kegelstift verbunden sind. Am anderen Ende ermöglicht ein Kugellager freie Drehbewegung der Innenwelle in der Außenwelle. Das Drehmoment wird von der Keilriemenscheibe durch die Außenwelle über die

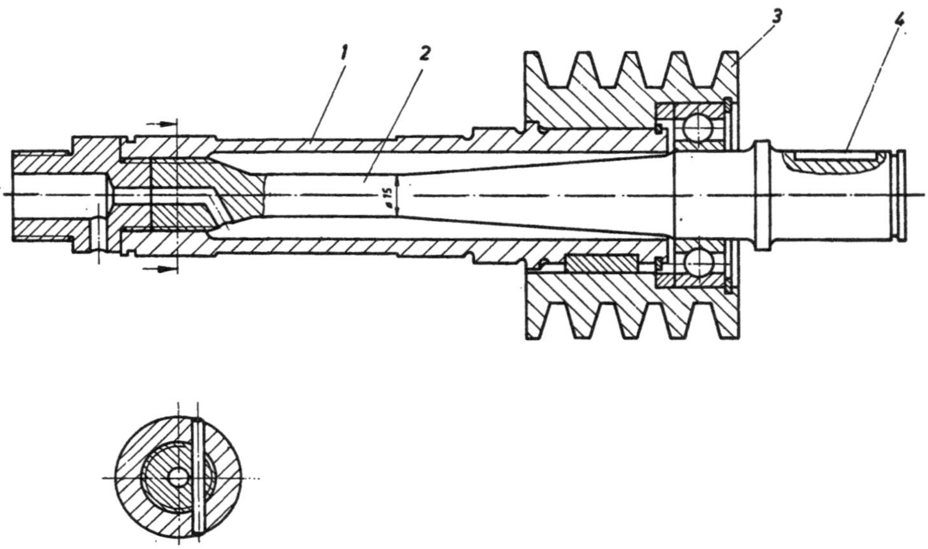

Abb. 4: Drehmomentübertrager
1. Außenwelle
2. Innenwelle (Meßwelle)
3. Keilriemenscheibe
4. Narbe der Kurbelscheibe

Innenwelle auf die Kurbelscheibe übertragen. Die vom Keilriemen und Kurbelscheibe herrührenden radialen Kräfte werden durch die äußere Welle übernommen. Die Biegemomente werden dadurch in der Innenwelle fast völlig eliminiert. Die innere Welle wurde in drei Varianten konstruiert (Abb. 5), die sich voneinander durch den Durchmesser, als auch durch die Elastizität unterscheiden. Die dünnste Welle I hat 15 mm Durchmesser, die Welle II teils 20 mm, teils 15 mm, die dickste Welle III 24 mm. Die 3 Wellen sind aus Vergütungsstahl hergestellt. Die Originalwelle IV ist 30 mm stark.
Die Dehnungsmeßstreifen werden auf der Innenwelle gegenseitig, 45° schräg zur Achse, aufgeklebt. Das gegenseitige Aufkleben der Meßstreifen kompensiert das Einwirken kleiner, von der Kurbelscheibe herrührender Biegemomente in der Innenwelle. Die Leiter werden von den Dehnungsmeßstreifen durch eine Bohrung in der Welle zu dem im Institut für Mechanisierung der Landwirtschaft

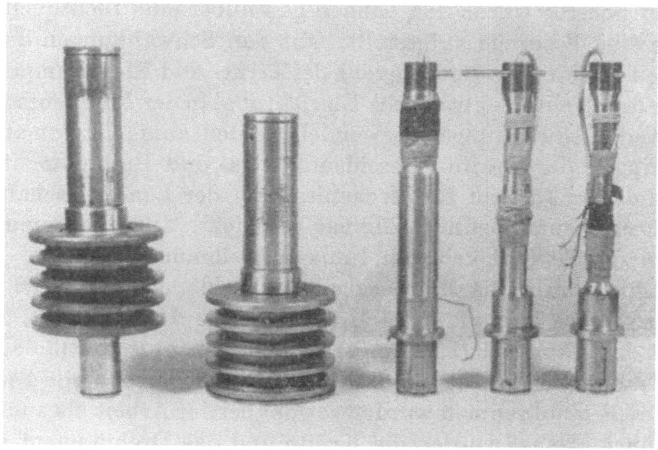

Abb. 5: Wellen des Drehmomentübertragers — von links: Originalwelle IV, Außenwelle (zu den folgenden drei Innenwellen), Innenwellen III, II, I

konstruierten Schleifringübertrager geführt, dessen vier Schleifringe die Impulse der Dehnungsmeßstreifen zum Verstärker weitergeben. Der fünfte Ring gibt durch einen Kontakt den Impuls zur exakten Ermittlung der Drehzahl und der Totlage der Kurbelscheibe auf dem Diagramm.

Die Schwankungen der Winkelgeschwindigkeit ω der Kurbelscheibe werden mittels eines fotoelektrischen Meßverfahrens ermittelt (Abb. 6). An die Kurbelscheibe wurde eine Aluminium-Scheibe mit 120 Zähnen angesetzt. Auf der

Abb. 6: Fotoelektrischer Winkelgeschwindigkeitsmeßgeber

einen Seite der Scheibe wurde den Zähnen gegenüber eine Lichtquelle, auf der anderen Seite eine Fotozelle aufgestellt. Mit den Schwankungen der Winkelgeschwindigkeit ändert sich die Frequenz der Licht- und Elektroimpulse. Diese werden weiter durch eine elektronische Einrichtung, in der Frequenzschwankungen im Amplitudenschwankungen verwandelt werden, zum „Oszilomat" geleitet. Die Elektroimpulse der Kräfte-, Beschleunigungs- und Drehmomentmeßgeber wurden durch die im Institut für Mechanisierung der Landwirtschaft konstruierten Verstärker ebenfalls zum Oszilomat geschickt. Die Diagramme wurden mit einer Papiergeschwindigkeit von 1 m/s aufgenommen.
Beim Feldeinsatz wurde das Mähwerk an den Schlepper RS 14/36 angebaut. Es wurde Wiesengras mit rd. 5000 Grashalmen je 1 m² gemäht, wobei der Schlepper mit den Gängen 1 (1,28 km/h), 2, (2,02 km/h) und 3 (3,68 km/h) der I. Gruppe gefahren wurde. Die Umdrehungszahl der Kurbelwelle betrug dabei 930 U/min. Die Feldaufnahmen wurden sowohl bei der Arbeit als auch im Leerlauf durchgeführt. Dabei wurden die Kräfte und das Drehmoment aufgenommen. Die Fotozelle und der Beschleunigungsmeßgeber konnten bei der Mahd nicht störungslos angewandt werden.

5. Versuchsergebnis

5.0. Allgemeines

Die Original-Diagramme (Abb. 7) werden mit entsprechend verschiedenen Verstärkungsstufen aufgenommen. Die einzelnen Kurven lassen sich nach ihrer Form identifizieren. Gemeinsam für alle Kurven ist die Ungleichmäßigkeit. An allen gemessenen Größen sind Oberschwingungen nachweisbar, die vom Spiel in den Verbindungen der kinematischen Paare herrühren. Die absoluten Werte dieser Schwingungen steigen bedeutend mit zunehmender Umdrehungszahl. Zwischen den einzelnen Schwingungshöchstausschlägen ändern sich die Kurven fast linear und weichen von einer Sinuslinie erheblich ab. Die an Hand der Messungen gezeichneten Diagramme (Abb. 8···13) zeigen die mittleren

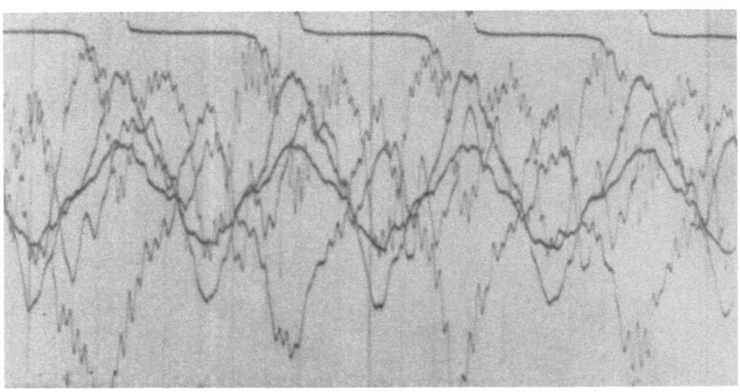

Abb. 7: Beispiel eines Originaldiagrammes
(Welle II, 1200 U/min)

Spitzenwerte aus einigen Messungen. Jede Messung dauerte 1 Sekunde. Den Zusammenhang zwischen den Spitzenwerten aller gemessenen und auch errechneten Größen, der Umdrehungszahl der Kurbelscheibe und der Elastizität der Wellen zeigen die Diagramme (Abb. 8···13).

5.1. Messerbeschleunigung

Für die Welle II (Abb. 8a) unterscheidet sich der zeitliche Verlauf der Beschleunigung nicht viel von den errechneten Werten. Für 400 U/min und 600 U/min ist die Kurve noch sinusähnlich, für höhere Umdrehungen zwischen den Spitzenwerten nahezu linear.

Die Beschleunigung wurde nach der Formel

$$b = -r\,\omega^2 (\cos \omega t + \cos 2\,\omega t + \sin \omega t)$$

errechnet. Sie beträgt 6,9 g auf 400 U/min und 55,9 g für 1200 U/min. Die gemessene Messerbeschleunigung hat für die Welle II fast dieselben Werte, besonders in der äußeren Totlage, in der inneren sind sie etwas größer. Die höchsten Spitzenwerte (Abb. 8b) erreicht die Beschleunigung für die Original

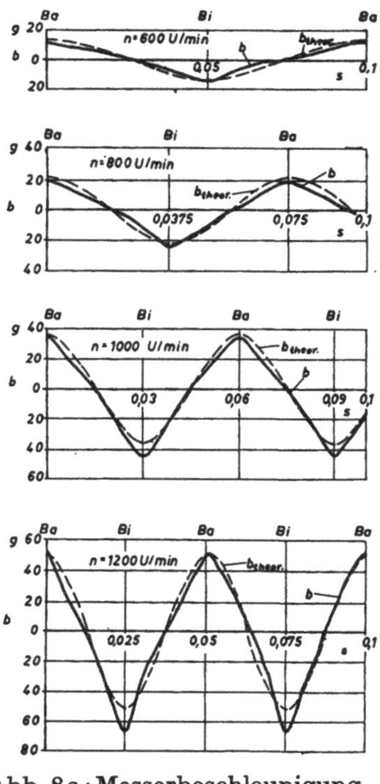

Abb. 8a: Messerbeschleunigung in Abhängigkeit von der Zeit (Welle II) dargestellt als Vielfaches der Fallbeschleunigung g

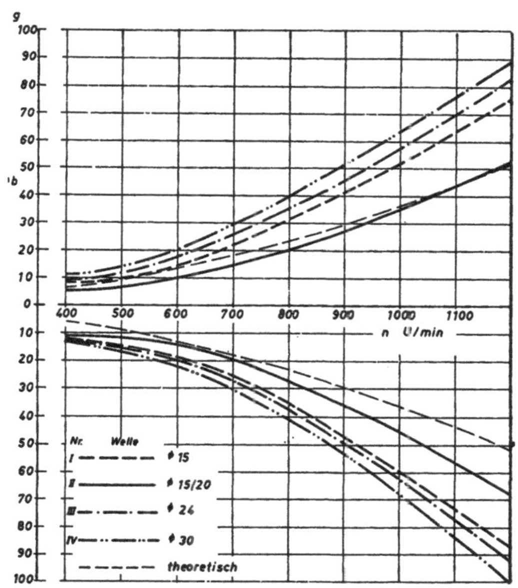

Abb. 8b: Spitzenbeschleunigung in Abhängigkeit von der Drehzahl für die einzelnen Wellen

Welle, und zwar in der Außenlage 90 g, in der Innenlage 100 g, sie sind also fast verdoppelt. Die Kurven für die beiden anderen Wellen I und III liegen nahe der Original-Welle IV. Die Spitzenbeschleunigung steigt ab 800 U/min fast linear. Der Anstieg der Kurve ist dabei von der Elastizität der Welle abhängig.

5.2. Messerkraft

Die Messerkraft wurde nahe dem Messerkopf am Mähbalken gemessen. Die Diagramme stellen also fast die reine Messerkraft ohne Messerkopf dar. Die Reibungskraft zwischen Messerklingen, Fingern und Messerhaltern ist ganz gering und spielt im Vergleich mit den Messerkräften keine Rolle. Die errechnete Sinuslinie erreicht 17 kp für 400 U/min und 154 kp für 1200 U/min. Die Diagramme (Abb. 9a) weisen kleine Schwingungen im Frequenzbereich 300 bis 500 Hz auf mit Differenzen zwischen den benachbarten Werten bis 50 kp. Man kann sowohl die von elastischen Antriebselementen, vor allem von den Keilriemen herrührenden unregelmäßigen Schwingungen erkennen, als auch andere regelmäßig auftretende stoßähnliche Schwankungen, die durch das Spiel in den Verbindungen der Elemente verursacht werden.

Die Diagramme der Spitzenwerte der Messerkräfte (Abb. 9b) haben dieselbe Form, wie die der Beschleunigung. Die Spitzen der gemessenen Kräfte liegen im ungünstigsten Fall—für die Original-Welle IV — doppelt so hoch wie die

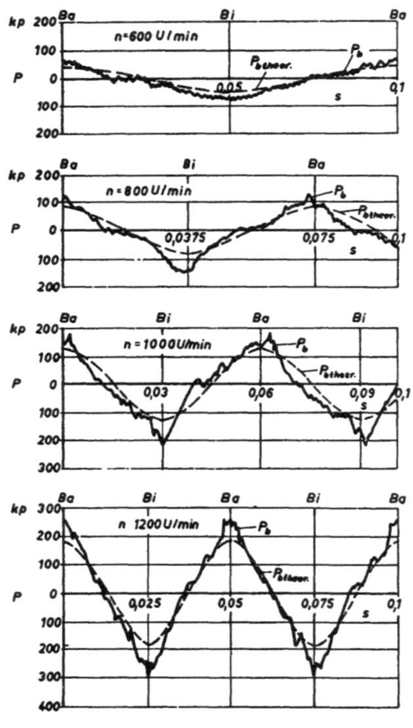

Abb. 9a: Messerkraft in Abhängigkeit von der Zeit (Welle II)

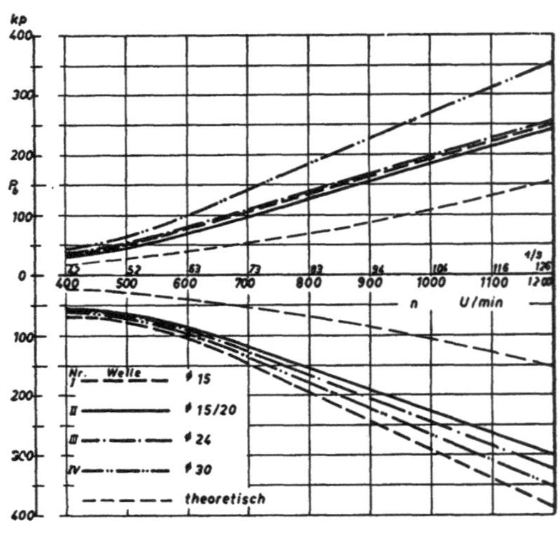

Abb. 9b: Spitzenmesserkräfte in Abhängigkeit von der Drehzahl für die einzelnen Wellen

errechneten und bedeutend höher als die für elastische Wellen. Die Spitzenkräfte sind dabei nicht genau proportional zur Beschleunigung, sie sind größer. Dieser Unterschied erklärt sich aus dem unterschiedlichen Bau der Meßgeber, und zwar besitzt der induktive Beschleunigungsmeßgeber eine gewisse Trägheit und gibt nicht so scharfe Kurvenspitzen, der Kraftmeßgeber mit Dehnungsmeßstreifen hat dagegen keine Elemente mit Trägheit und übermittelt auch feine Spitzenwerte.

5.3. Kurbelstangenkraft

Der zeitliche Verlauf der Kurbelstangenkraft (Abb. 10a) unterscheidet sich eigentlich von dem der Messerkraft nur durch größere Werte. Die Kurven dieser beiden Kräfte sind sich in Form und Einzelheiten ähnlich. Bei manchen Messungen treten in den Messerkraft-Diagrammen einzelne kleine Schwingungen auf, die voraussichtlich durch Störungen an den Messerklingen hervorgerufen werden und in der Kurbelstange nicht feststellbar sind. Die Komponenten der Kurbel-

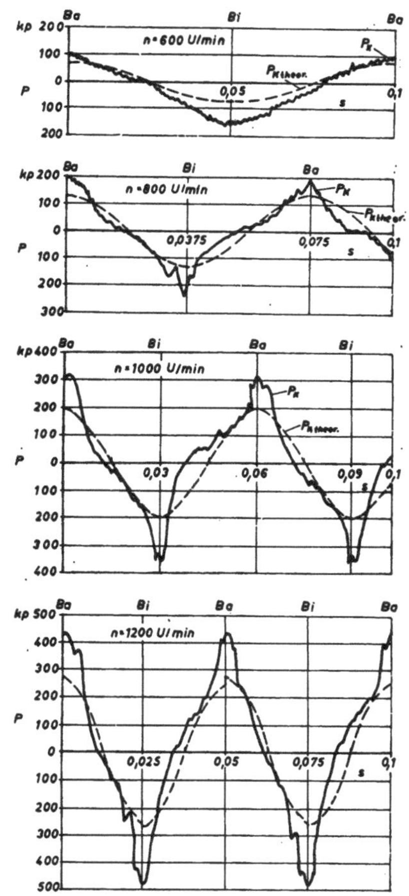

Abb. 10a: Kurbelstangenkraft in Abhängigkeit von der Zeit (Welle II)

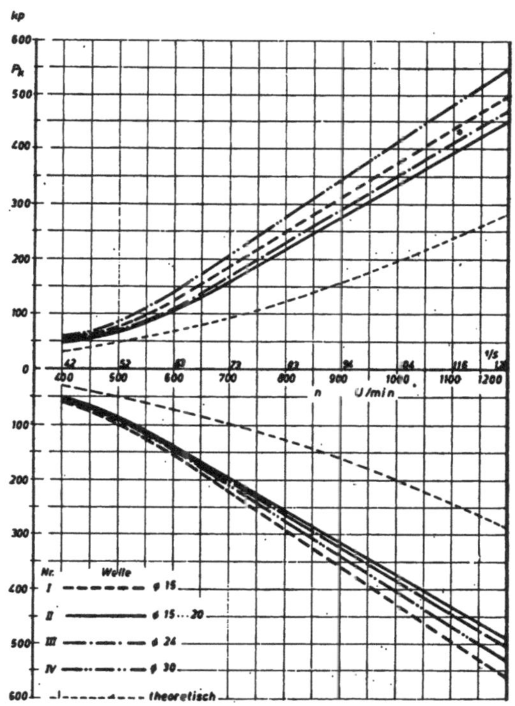

Abb. 10b: Spitzenkurbelstangenkräfte in Abhängigkeit von der Drehzahl für die einzelnen Wellen

stangenkraft werden ausführlich durch STROPPEL erläutert [19]. Von großer Bedeutung kann für die Größe dieser Kraft das Spiel im Innenschuh des Mähwerks werden. Für 1200 U/min erreichen die gemessenen Werte 550 kp für die Original-Welle IV und 450 kp für die elastische Welle II.

5.4. Drehmoment

Das Drehmoment weist in jeder Umdrehung große Schwankungen auf, und zwar zwei antreibende und zwei rücktreibende (Abb. 11a). An elastischen Wellen gemessene Drehmomente sind meist kleiner als die errechneten (Abb. 11b). Mit dem angewandten Meßverfahren kann man leider das Drehmoment an der Originalwelle nicht messen. Die Spitzenwerte des antreibenden Moments treten entweder kurz vor oder in der Hubmitte auf. Die antreibenden Momente erreichen bei 1200 U/min 3,5 kpm, für die Welle III, 4 kpm für Welle II, und 6 kpn für Welle I. Im Leerlauf erreicht meist nur einer von diesen Impulsen den maximalen Wert.

Es ergibt sich, daß die elastischen Wellen besonders die rücktreibenden Momente

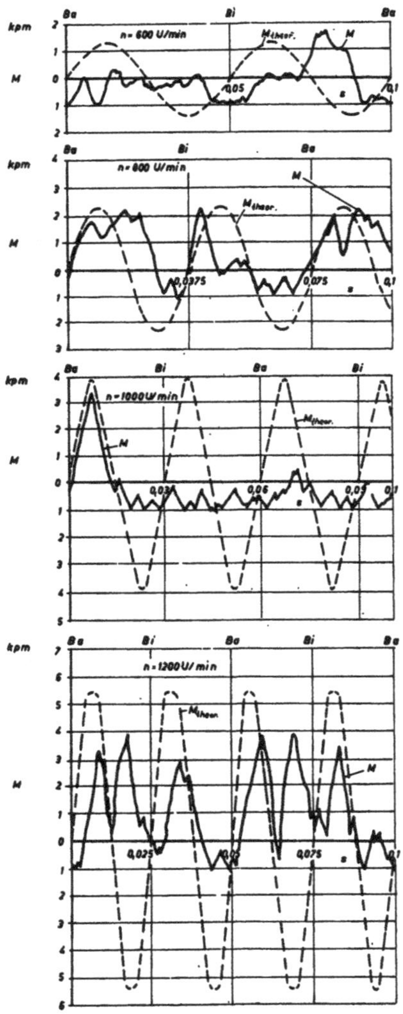

Abb. 11a: Drehmoment in Abhängigkeit von der Zeit (Welle II)

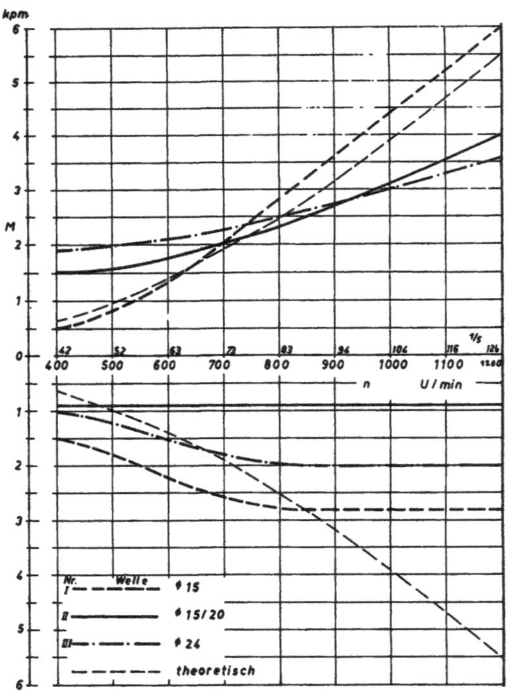

Abb. 11b: Spitzendrehmoment in Abhängigkeit von der Drehzahl für die einzelnen Wellen

abbauen. Für die mittlere Welle II behalten sie den Wert 0,8 kpm in allen Umdrehungszahlen. Die Welle III braucht ab 800 U/min 2 kpm und Welle I im selben Bereich 2,8 kpm. Die errechneten Werte steigen bis 5,5 kpm. Die elastische Welle hat also den Vorteil, daß die Amplitude der Momentschwankungen bedeutend verringert und das Moment ausgeglichen wird. Der planimetrierte Wert des Drehmoments liegt im Leerlauf nahe Null.

5.5. Winkelgeschwindigkeit

Die Winkelgeschwindigkeit (Abb. 12a) schwankt während einer Umdrehung unterschiedlich für verschiedene Wellen. Die niedrigsten Werte treten in den Totlagen, die höchsten in der Hubmitte auf. Aus den Diagrammen (Abb. 12b) geht der Anteil der Keilriemen und der Wellenelastizität auf die Schwankungsamplituden hervor. Für die Originalwelle IV und für die Wellen II und III unterscheiden sich die Kurven wenig. Bei Anwendung der dünnen Welle I steigen die Amplituden rasch und erreichen den Wert 50 1/s für die Umdrehungs

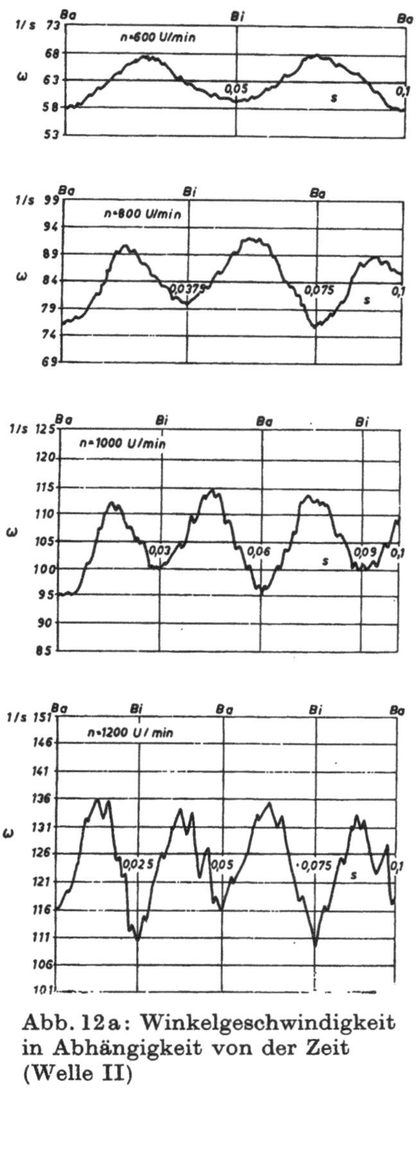

Abb. 12a: Winkelgeschwindigkeit in Abhängigkeit von der Zeit (Welle II)

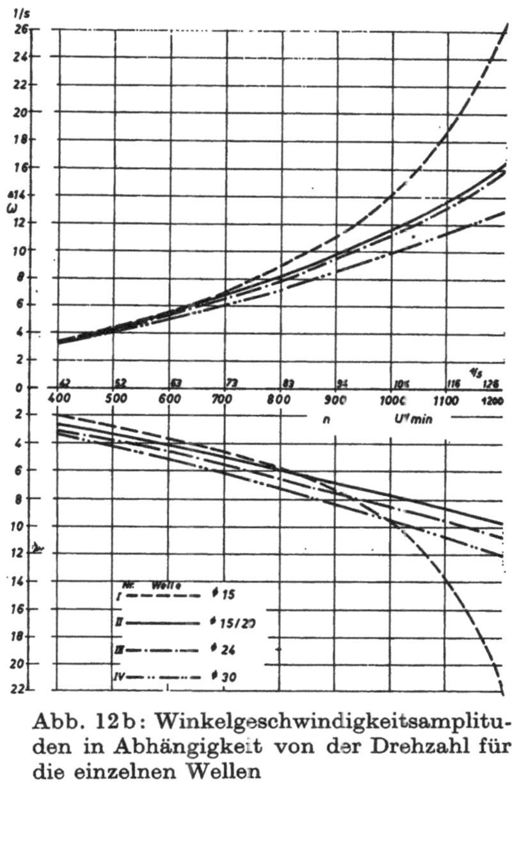

Abb. 12b: Winkelgeschwindigkeitsamplituden in Abhängigkeit von der Drehzahl für die einzelnen Wellen

zahl 1200 U/min. Die Schwankungen der Winkelgeschwindigkeit üben einen gewissen Einfluß auf die Kräfte in der Kurbelstange und im Messerkopf aus. Das Polardiagramm (Abb. 13) stellt den Verlauf der Winkelgeschwindigkeit in Abhängigkeit vom Kurbelwinkel ψ dar.

6. Die Messungen im Feldeinsatz

Die im Feldeinsatz aufgenommenen Diagramme (Abb. 14) unterscheiden sich von den auf dem Prüfstand erhaltenen. Die Feldaufnahmen wurden mit der mittleren Welle II gemacht.

Die Spitzenwerte der Messer- und Kurbelstangenkraft (Abb. 15) und des Drehmoments sind im Leerlauf am Schlepper etwas größer als am Prüfstand. Der

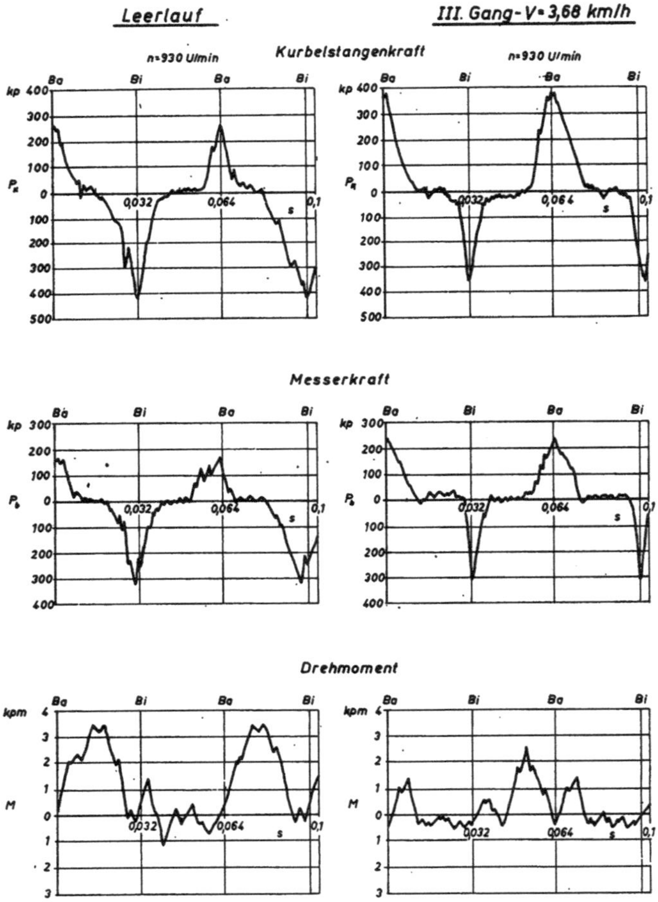

Abb. 14: Kurbelstangenkraft, Messerkraft und Drehmoment beim Feldversuch im Leerlauf und bei der Mahd. *Mdm* – durch Planimetrieren der Diagramme gewonnener Mittelwert in Abhängigkeit von der Zeit

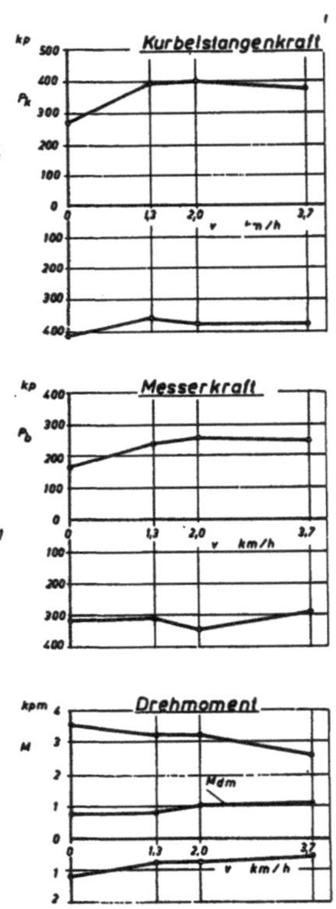

Abb. 15: Spitzenwerte der Kurbelstangenkraft, der Messerkraft und des Drehmoments bei der Mahd in Abhängigkeit von der Fahrgeschwindigkeit

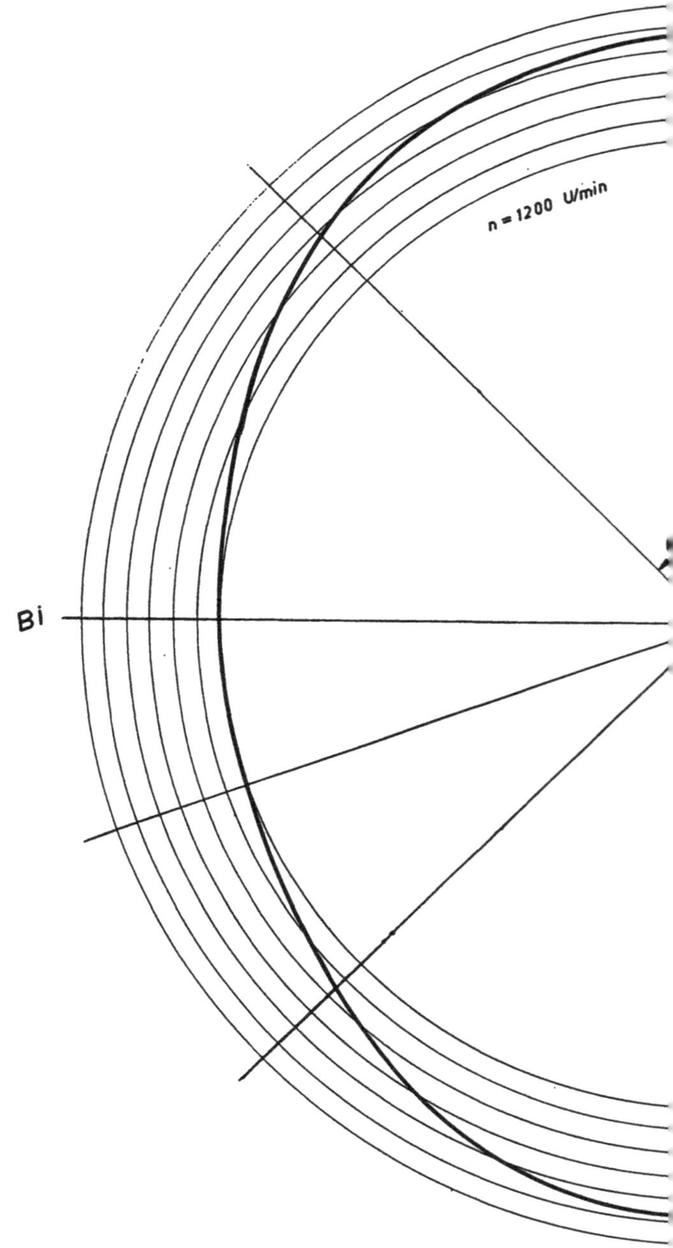

Abb. 13. Polardiagramm der Winkelgeschwindigkeit der

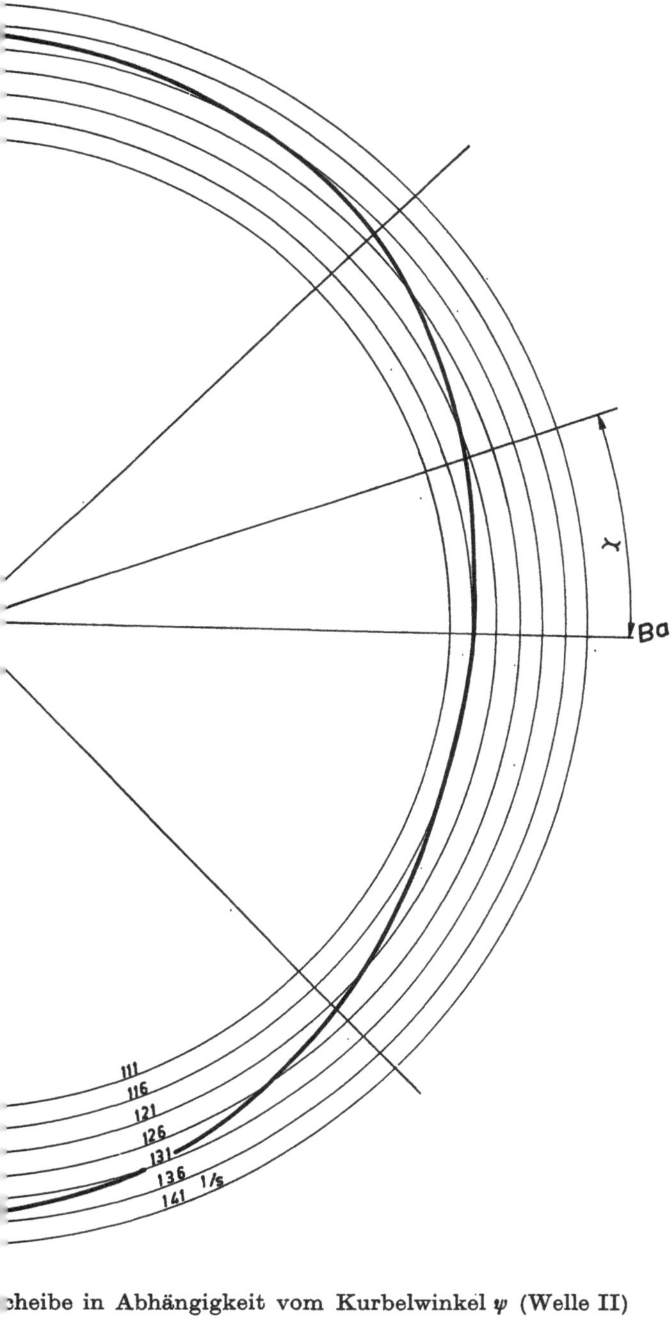

cheibe in Abhängigkeit vom Kurbelwinkel ψ (Welle II)

zeitliche Verlauf dieser Größen ist auch anders. In der Hubmitte liegt der Wert der beiden Kräfte eine zeitlang nahe Null und zwar für die Zeit von ungefähr der Hälfte der Hubdauer. Die Kräfte treten also nur in der Nähe der Totlagen auf. Diese Eigenschaft kann Bedeutung für die Konstruktion des Mähwerksantriebes haben.

Bei der Mahd (Abb. 14) werden die Spitzenwerte des Drehmoments infolge des Einwirkens der Schnittkraft abgebaut. Diese Kraft wird durch die Massenkräfte überwunden. Die Steigerung der Fahrgeschwindigkeit bis zum 3. Gang (3,68 km/h) hat keine Steigerung der Kräfte und des Moments zur Folge. Der planimetrierte Mittelwert des Drehmoments beträgt dabei knapp 1 kpm.

7. Zusammenfassung

Bei den Untersuchungen am Prüfstand und im Feldeinsatz eines Mähwerks wurden Messerbeschleunigung, Kraft am Messerkopf, Kraft an der Kurbelstange, Drehmoment der Antriebswelle und Winkelgeschwindigkeitsamplituden in Abhängigkeit von der Drehzahl der Welle und der Fahrgeschwindigkeit ermittlet. Dabei wurden außer der Originalwelle drei Wellen mit unterschiedlicher Elastizität untersucht.

Auf Grund der dargestellten Diagramme kann man behaupten, daß die elastischen Konstruktionselemente im Kurbelantrieb des Schneidwerkes eine bestimmte Wirkung auf die Dynamik des Mähwerks ausüben. Die elastische Welle vermindert die Spitzenwerte und die Amplituden der Massenkräfte und des Drehmoments. Dadurch könnte man eine größere Umdrehungszahl der Kurbelwelle erreichen, was wiederum eine größere Messergeschwindigkeit, Fahrgeschwindigkeit und Flächenleistung ohne Verstärkung der Konstruktionselemente zur Folge hätte.

Die gleichzeitige Aufnahme der Messerbeschleunigung, der Messerkraft und der Kurbelstangenkraft, des Drehmoments und der Winkelgeschwindigkeit ermöglicht die Ermittlung ihrer gegenseitigen Abhängigkeit.

Der zeitliche Verlauf der Kräfte und des Drehmoments am Prüfstand und im Feldeinsatz weist auf die Möglichkeit hin, einen Kurbelantrieb mit federnden Polstern und Elemente oder Schwingeantrieb zu konstruieren.

Резюме

При исследовании хедера косилки на испытательном стенде и в поле определялось ускорение ножа, сила у головки ножа, сила у шатуна, момент вращения приводного вала и амплидуды угловой скорости в зависимости от числа оборотов вала и от скорости движения. При этом исследовались кроме оригинального вала три вала различной упругости.

На основании изображенных диаграмм можно утревждать, что упругие элементы конструкции в приводе кривошима режущего механизма оказывают известное действие на динамику хедера. Эластичный вал уменьшает пики и амплитуды массовых сил, а также момента вращения. Таким путем можно было бы добиться большего числа оборотов коленчатого вала, что в свою очередь имело бы в последствии большую скорость ножа и движения, а также большую производительность без укрепления элементов конструкции.

Одновременное определение ускорения ножа, силы ножа и силы шатуна, момента вращения и угловой скорости делает возможным определение их взаимной зависимости.
Временное протекание сил и момента вращения на испытательном стенде и в поле указывает на возможность конструкции привода кривошипа с эластичными подушками и элементами, или же с качающимся приводом.

Summary

Acceleration of knives, force at the cutter head, force at connecting rod, torsional moment of clutch shaft, as well as amplitudes of angular velocity in dependence on speed of shaft and driving speed within a reaper mechanism were determined by test floor studies and field tests. The tests inclued the original type of shaft together with three other shafts of varying elasticities.
The diagrams presented in the paper permit the conclusion that a certain effect on the dynamics of the reaper mechanism is exerted by the elastic design elements in the crank drive of the cutter. Peak values and amplitudes of mass forces and torsional moment are reduced by the elastic shaft. This might help to achieve a higher rate of revolutions for the crank shaft and consequently higher cutter velocities, driving speeds and, acreage efficiency, without any reinforcement of design elements.
Simultaneous recording of acceleration of knives, forces at cutter and connecting rod, torsional moment, and angular velocity would permit to determine their mutual interdependencies.
Temporal developments of forces and torsional moment in the test floor and in field tests indicates the possibility of designing a crank drive with resilient pads and elements or swing drive.

Literaturverzeichnis

[1] DROZDOW, N. J.: Optimalnyje skorosti riezuschtschich apparatow kosilok. Traktory i sielchozmacz. 1962 nr. 9
[2] DROZDOW, N. J.: Riezuschtschij apparat dla niskovo koschenja traw na powyschennych postupatielnych skorostiach. Traktory i Sielchozmasz, 1959, nr. 7
[3] ELFES, L. W.: Design and development of a highspeed mover Agricult. Enging. 1954
[4] FELLER, R.: Effects of knife angles and velocities on cutting of stalks without a conuter-edge. J. agric. Enging. Res. 1959
[5] MAHARTA, F., CECH, A.: Mydrostaticky pohon zaci listy. Zemedelska technika 1963, nr. 4
[6] KANAFOJSKI, C.: Landmaschinen II/1
[7] KÖNIGER, T.: Versuch einer Theorie des Scherenschnittes von Halmen. Grundlagen der Landtechnik, H. 5
[8] MARKS, K.: Hydraulische Schwingantriebe für Mähwerke. Landtechnische Forschung 1961, H. 2
[9] MCCLELLAND, J. H., SPIELREIN, R. E.: A study od some design factors affecting the performance of mover knives. J. agric. Enging. Res. 1958, nr. 2
[10] MORGAN, E.: The hydraulic sickle drive. Agric. Enging. 1955, nr. 11
[11] PHILIPP, F.: Die Mähantriebe am Schlepper. Landtechnik, 1961, Nr. 23
[12] PHILIPP, F.: Die Mähschneidwerke. Landtechnik, 1962, Nr. 20

[13] Popow, B. A., Gutorow, W. J.: Kosilki dla raboty na powyschennych skorostiach. Traktory i sielchozmasziny, 1961, Nr. 10

[14] Rajew, B. G.: Issledowamje processa viesanje stieblej bez protiworiezuschtschej exasti. Traktory i Sielchozmasz 1961, Nr. 11

[15] Reid, D., Maclusky, D. S.: Studies on the cutting management of grass-clove-swards. II. The effects of close cutting with either a gang mower or a reciprocating-knife mower on the yields from an established grass closer sword. J. agric. Science, 1960, Nr. 2

[15] Ritzman, F.: Die Anwendung der Meßtechnik für Untersuchungen an Landmaschinen. Deutsche Agrartechnik, 1963, Nr. 10

[17] Schulze, K. H.: Über den Schneidvorgang bei Grashalmen. Grundlagen der Landtechnik, H. 5

[18] Stroppel, T.: Zur Systematik der Technologie des Scheindens. Grundl. der Landtechnik, H. 5

[19] Stroppel, T.: Analytische Betrachtung der Massenwirkungen in einem Schleppermähwerk. Landtechnische Forschung 1958, H. 5

[20] Stroppel, T.: Über die Gesetzmäßigkeiten des Kraftflusses im Getriebe eines Schlepper-Anbaumähwerkes. Landtechn. Forschung 1959

[21] Thiel, R.: Kräfte im Schubkurbelgetriebe von Schlepper-Anbaumähwerken. Grundlagen der Landtechnik 1958, H. 10

[22] Thiel, R.: Kräfte und Drehmomente im Schleppermähwerk mit Keilriemenantrieb. Grundlagen der Landtechnik 1958, H. 10

Aus dem Institut für Landmaschinentechnik der Technischen Universität Dresden

KLAUS KROMBHOLZ

Bestimmung der Sinkgeschwindigkeit von Getreidestroh-Häckselteilchen durch Fallzeitmessung

Eingegangen: 9. 10. 1964

1. Der Widerstand eines fallenden Körpers

Ein Körper erreicht im freien Fall eine Endgeschwindigkeit, sobald der Widerstand, den das umgebende Medium — im folgenden soll nur Luft berücksichtigt werden — dem bewegten Körper entgegensetzt, gerade gleich der Schwerkraft geworden ist. Die Endgeschwindigkeit des freien Falls wird auch als Sinkgeschwindigkeit v_s bezeichnet. Mit der gleichen, entgegengesetzt gerichteten Anblasegeschwindigkeit kann ein Körper in Schwebe gehalten werden. Die Sink- oder Schwebegeschwindigkeit eines Teilchens ist ein Maß für seinen Luftwiderstand und damit für zahlreiche praktische Anwendungen (z. B. Sichtung, pneumatische Förderung) von Bedeutung. Zur eindeutigen Charakterisierung des Widerstandsverhaltens eines Teilchens genügt jedoch die Sinkgeschwindigkeit oftmals nicht.

Der Widerstand W eines Körpers wird proportional dem Staudruck $\varrho_0 v^2/2$ des anblasenden Mediums gesetzt, nämlich

(1) $$W = c_w \cdot F \cdot \frac{\varrho_0}{2} v^2$$

W	c_w	F	ϱ_0	v
N	—	m^2	kg/m^3	m/s

wobei v relative Anblasegeschwindigkeit
ϱ_0 Dichte des umgebenden Mediums
F projizierte Fläche des Körpers rechtwinklig zur Strömungsrichtung
c_w Widerstandsbeiwert

bedeuten.

Bei den Widerstandskörpern ist zu unterscheiden zwischen solchen Formen, bei denen infolge scharfer Kanten die Ablösungsstelle für die Strömung auf der Körperoberfläche festliegt, z. B. normal angeblasene Platten, prismatische Körper, und stetig abgerundeten Körpern, bei denen sich die Ablösungsstelle in Abhängigkeit von der Reynolds-Zahl verschiebt, z. B. Kugeln, radial angeblasene Kreiszylinder. Für die erste Gruppe ist c_w nur abhängig von der Körperform, während bei der zweiten Gruppe zusätzlich noch die Abhängigkeit $c_w = f(\mathrm{Re})$ besteht, wobei die Reynolds-Zahl Re die Anblasegeschwindigkeit v enthält, nämlich

$$\mathrm{Re} = \frac{d\,v}{\nu}$$

d ist eine kennzeichnende Längenabmessung, z. B. der Durchmesser eines zylindrischen Teilchens
ν kinematische Zähigkeit des umgebenden Mediums.

Wird v in m/s eingesetzt, dann muß d in m und ν in m²/s angegeben werden, damit Re als dimensionslose Zahl erscheint.
Weicht für Körper der zweiten Gruppe die relative Anblasegeschwindigkeit v von der Sinkgeschwindigkeit v_s ab, dann ändert sich der Widerstandsbeiwert während des Bewegungsvorganges. Ob die Kenntnis der Sinkgeschwindigkeit eines Teilchens zur Beurteilung von Bewegungsvorgängen mit Änderung der relativen Anblasegeschwindigkeit, z. B. einer Wurfbewegung, ausreichend ist, das ist abhängig vom Verlauf der Kurve $c_w = f(\mathrm{Re})$, von der mit der Sinkgeschwindigkeit gebildeten Reynolds-Zahl $\mathrm{Re}_s = d \cdot v_s/\nu$ und vom Bereich, in dem sich die Anblasegeschwindigkeit während des Vorganges ändert. Für Kugeln z. B. ist c_w im Bereich $\mathrm{Re} = 10^3 \ldots 2 \cdot 10^5$ annähernd konstant (Abb. 1).

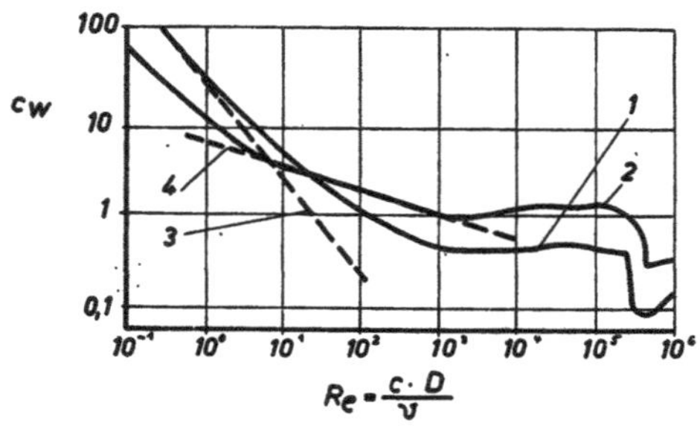

Abb. 1: Widerstandsbeiwerte c_w in Abhängigkeit von der Reynolds-Zahl *Re*
Kurve 1 für Kugeln [1], Kurve 2 für radial angeblasene Kreiszylinder [1], Kurve 3 $c_w = 24/Re$ für Kugeln bei $Re \leqq 1$ [1], Kurve 4 $c_w = 5{,}62/Re^{0{,}25}$ Näherung für radial angeblasene Kreiszylinder im Bereich $4.10^0 < Re < 10^3$

2. Gesetzmäßigkeiten für die Fallbewegung unter dem Einfluß des Luftwiderstandes

2.1. Möglichkeiten zum Messen der Sinkgeschwindigkeit

Für die experimentelle Bestimmung der Sink- oder Schwebegeschwindigkeit eines Teilchens bestehen folgende Möglichkeiten:

Freier Fall des Teilchens: Messung der Zeit, in der eine bestimmte Strecke durchfallen wird.
Das Teilchen wird von einem aufwärtsgerichteten Luftstrom in Schwebe gehalten: Messung der Luftgeschwindigkeit.

Für Schüttgüter wird im allgemeinen das zweite Verfahren zur Bestimmung der Sinkgeschwindigkeit angewendet [3]. Zur Untersuchung von Getreidestroh-Häckselteilchen ist dieses Verfahren, dessen Vor- und Nachteile hier nicht näher dargelegt werden sollen, jedoch weniger geeignet. Ursache dafür sind hauptsächlich die besonderen Eigenschaften der Teilchen (z. B. Form, Abmessungen, Schwerpunktlage) und die sich daraus ergebenden Forderungen an eine solche Versuchsanlage. Gegenstand der weiteren Betrachtungen sind deshalb nur einige Vor- und Nachteile und der Anwendungsbereich der Sinkgeschwindigkeitsbestimmung aus der Fallzeitmessung beim freien Fall in ruhender Luft.
Am einfachsten und eindeutigsten kann die Sinkgeschwindigkeit aus der Fallzeit bestimmt werden, wenn man die Meßstrecke in den Bereich legt, in dem sich das Teilchen mit seiner Endgeschwindigkeit v_s bewegt. Für eine derart

gelegte Meßstrecke ist jedoch eine genaue Zeitmessung sehr schwierig, da dem Teilchen bei Eintritt in die Meßstrecke zum Auslösen der Zeitmessung keine Bewegungsenergie entnommen werden kann. Außerdem muß die Gesamtfallstrecke sehr lang werden, damit bei Eintritt in die Meßstrecke auch tatsächlich 99% der Endgeschwindigkeit v_s erreicht ist[1] (Abb. 2), oder das Teilchen muß mit einer Anfangsgeschwindigkeit nach unten geworfen werden.

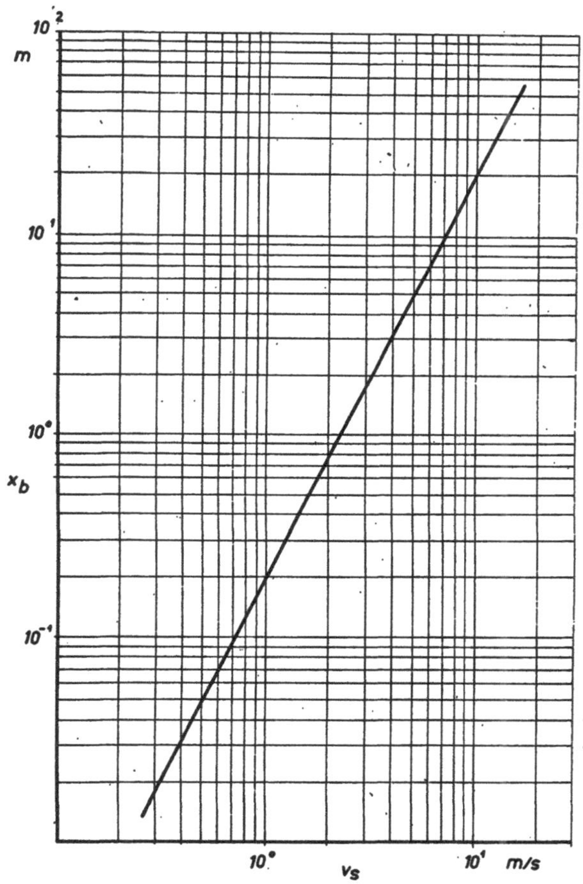

Abb. 2: Zusammenhang zwischen Beschleunigungsweg x_b (für $v = 0{,}99 \cdot v_s$) und Endgeschwindigkeit v_s des Teilchens für den Sonderfall c_w = const

$$x_b = \frac{v_s^2}{g} \ln \frac{1}{1 - \left(\frac{v}{v_s}\right)^2}$$

Günstiger für eine Zeitmessung ist es, wenn der Anfang der Meßstrecke mit dem Bewegungsbeginn des Teilchens zusammenfällt. Dabei bestehen wiederum zwei Möglichkeiten:

a) Das Teilchen wird mit einer bestimmten Anfangsgeschwindigkeit nach unten geworfen;

b) das Teilchen hat am Anfang der Meßstrecke die Geschwindigkeit Null.

[1] Theoretisch erreicht das Teilchen seine Endgeschwindigkeit erst für $x \to \infty$ (s. a. Gl. für x_b in der Bildunterschrift zu Abb. 2). Beschleunigungsweg oder -zeit werden im allgemeinen für $v = 0{,}99 \cdot v_s$ angegeben [1].

Fall a) kann für bestimmte Fälle von großem Vorteil sein, soll hier aus den Betrachtungen zunächst jedoch ausgeklammert werden.

2.2 Die Differentialgleichung der Fallbewegung

Voraussetzung für die Verwendung einer Meßstrecke, in die das Teilchen nicht mit seiner Endgeschwindigkeit eintritt, ist die Kenntnis der Gesetzmäßigkeit des Beschleunigungsvorganges. Aus dem Kräftegleichgewicht an einem frei fallenden Teilchen unter Einfluß des Luftwiderstandes ergibt sich die Bewegungsgleichung (Abb. 3).

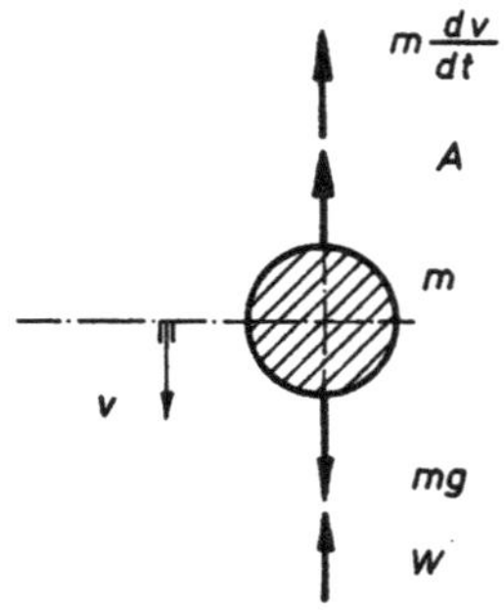

Abb. 3: Kräfte an einem frei fallenden Körper
m Teilchenmasse, $m \cdot g$ Gewicht, W Luftwiderstand, A Auftrieb, $m \cdot dv/dt$ Trägheitswiderstand, v Fallgeschwindigkeit

$$m \cdot \frac{dv}{dt} - m \cdot g + A + W = 0$$

(2) $$\frac{dv}{dt} - g \cdot \frac{\varrho - \varrho_0}{\varrho} + c_w \cdot \frac{\varrho_0}{2 \cdot m} F \cdot v^2 = 0\,,$$

wobei ϱ die Dichte des Teilchens ist.
Für die Bewegung von Festkörpern in Gasen kann wegen $\varrho_0 \ll \varrho$ der Auftrieb A im allgemeinen vernachlässigt werden [1], d. h.

(3) $$\frac{\varrho - \varrho_0}{\varrho} \approx 1\,.$$

In Gl. (2) wäre c_w noch zu ersetzen durch $c_w = f(\mathrm{Re})$ oder $c_w = f(v)$(Abb. 1).

2.3 Fallbewegung bei konstantem Widerstandsbeiwert

Bei Teilchenformen mit festliegender Ablösungsstelle für die Strömung ist c_w unabhängig von v, d. h. $c_w = \mathrm{const.}$ Für $dv/dt = 0$ bewegt sich das Teilchen mit seiner Endgeschwindigkeit v_s.
Aus Gl. (2) erhält man damit

(4) $$v_s = \sqrt{\frac{2\, m\, g\, (\varrho - \varrho_0)}{\varrho\, \varrho_0\, c_w\, F}}\,.$$

Unter Berücksichtigung von Gl. (3) und Gl. (4) erhält Gl. (2) die Form

(5) $$\frac{dv}{dt} - g + \frac{g}{v_s^2} \cdot v^2 = 0\,.$$

Als Lösung dieser Differentialgleichung ergibt sich für den Weg x des Teilchens mit den Anfangsbedingungen

$$t = 0\,, \qquad x = 0\,, \qquad v = 0 \quad \text{(Fall b)}$$

$$x = f(t, v_s) = v_s \cdot t + \frac{v_s^2}{g} \ln \left(\frac{1 + e^{-2\frac{g\,t}{v_s}}}{2} \right) \tag{6}$$

Aus Gl. (6) müßte für eine gegebene Fallstrecke x eine Art Eichkurve der Form $v_s = f(t)$ bestimmt werden. Gl. (6) läßt sich jedoch nicht nach v_s, sondern nur nach t auflösen:

$$t = f(v_s, x) = \frac{x}{v_s} + \frac{v_s}{g} \ln \left(1 + \sqrt{1 - e^{-2\frac{x\,g}{v_s^2}}} \right). \tag{7}$$

Zweckmäßig ist eine dimensionslose Form von Gl. (7), weil sich damit die Berechnung der Eichkurven vereinfacht.

$$\frac{g \cdot t}{v_s} = \frac{x \cdot g}{v_s^2} + \ln \left(1 + \sqrt{1 - e^{-2\frac{x\,g}{v_s^2}}} \right). \tag{8}$$

Der Zusammenhang zwischen den dimensionslosen Größen $g \cdot t/v_s$ und $x \cdot g/v_s^2$ nach Gl. (8) ist in Bild 4 dargestellt. Unter Verwendung der Beziehungen $x \cdot g/v_s^2 = f(x)$ und $t = f\,(g \cdot t/v_s)$ kann aus dieser Kurve für eine gewählte Fallstrecke x zu jeder Endgeschwindigkeit v_s die zugehörige Fallzeit t und damit eine Eichkurve der Form $v_s = f(t)$ ermittelt werden (Abb. 7). Aus dieser Eichkurve sind in Abhängigkeit vom Fehler der Zeitmessung deutlich die Grenzen für die Anwendung dieses Verfahrens ersichtlich (Abb. 7). Der Fehler, mit dem die Sinkgeschwindigkeit des Teilchens bestimmt wird, ist abhängig von der Länge der Fallstrecke, von der Größe der Sinkgeschwindigkeit und von der Genauigkeit der Zeitmessung. Bei kurzen Meßstrecken ist das Verfahren nur für Teilchen mit kleiner Sinkgeschwindigkeit geeignet. Für eine Fallstrecke $x = 5$ m liegt die Grenze bei etwa $v_s = 5{,}5$ m/s und der entsprechenden Fallzeit $t = 1{,}29$ s. Die Untersuchung von Teilchen mit größerer Sinkgeschwindigkeit stellt bei einer Fallstrecke von nur 5 m zu hohe Anforderungen an die Genauigkeit der Zeitmessung. Die Eichkurve $v_s = f(t)$ verläuft in diesem Bereich sehr steil[1], so daß sich kleine Fehler in der Zeitmessung sehr stark auf das Ergebnis auswirken (Abb. 7).

2.4 Fallbewegung bei veränderlichem Widerstandsbeiwert

2.4.1 Vorbemerkungen

Für Teilchenformen, bei denen sich c_w mit der Anblasegeschwindigkeit ändert, ist der Beschleunigungsvorgang nicht so einfach zu erfassen. Der Verlauf $c_w = f(\text{Re})$ ist nur für wenige eindeutige Formen bekannt[2]). Eine geschlossene

[1]) Eine Fallzeit $t = 1{,}01$ s entspricht bei einer Fallstrecke $x = 5$ m bereits der Sinkgeschwindigkeit $v_s \to \infty$, d. h. einem Fallen ohne Luftwiderstand.

[2]) Eine Abweichung von $c_w = f$ (Re) für die hier vorliegende instationäre Teilchenumströmung (Beschleunigung) von den für die stationäre Teilchenumströmung geltenden Kurven $c_w = f$ (Re) (Abb. 1) soll hierbei unberücksichtigt bleiben.

Lösung der Bewegungsgleichung ist auch dann nicht möglich, weil die Kurven $c_w = f(\mathrm{Re})$ fast ausschließlich experimentell bestimmt wurden und eine Annäherung durch einfache Funktionen nur für kleine Kurvenabschnitte möglich ist. Für Kugeln und radial angeblasene Kreiszylinder z. B. (Abb. 1) ist für $\mathrm{Re}_s < 2 \cdot 10^5$ der Widerstandsbeiwert im Beschleunigungsbereich praktisch immer größer als beim Fallen mit der Endgeschwindigkeit. Dadurch werden Beschleunigungsweg und -zeit größer als für $c_w = \mathrm{const}$ während des gesamten Beschleunigungsvorganges, und der Anteil des Weges an der Gesamtfallstrecke, den das Teilchen mit seiner Maximalgeschwindigkeit v_s zurücklegt, wird geringer. Die Auswertung einer solchen Fallzeit mit einer Eichkurve nach Abb. 4 würde für das Teilchen eine zu kleine Sinkgeschwindigkeit ergeben. Die Abweichung vom tatsächlichen Wert der Sinkgeschwindigkeit ist dann abhängig von der mit v_s gebildeten Reynolds-Zahl Re_s und von der Länge der Fallstrecke. Liegt Re_s im Bereich $c_w \approx \mathrm{const}$ (für Kugeln und radial angeblasene Kreiszylinder etwa im Bereich $10^3 < \mathrm{Re} < 2 \cdot 10^5$, Abb. 1), dann nimmt der Anteil derf Beschleunigungszeit bei größeren c_w-Werten an der Gesamtbeschleunigungszeit mit wachsendem Re_s ab, und damit auch der Fehler, mit dem die Sinkgeschwindigkeit aus einer Eichkurve nach Abb. 4 ermittelt wird. Durch eine lange Meßstrecke kann der Anteil der Beschleunigungszeit an der Gesamtfallzeit und damit der Einfluß des Beschleunigungsvorganges auf das Ergebnis klein gehalten werden. Der Einfluß des Beschleunigungsvorganges bei veränderlichem c_w kann völlig ausgeschaltet werden, wenn z. B. für die angegebenen Formen (Abb. 1) das Teilchen mit einer Anfangsgeschwindigkeit abgeworfen wird, bei der $\mathrm{Re} > 10^3$ ist.

2.4.2 Kugeln mit kleiner Sinkgeschwindigkeit ($\mathrm{Re}_s \leqq 1$)

Im Bereich sehr kleiner Reynolds-Zahlen ($\mathrm{Re} \leqq 1$) ergibt sich für Kugeln durch Rechnung [1]

$$c_w = \frac{24}{\mathrm{Re}} \tag{9}$$

also $c_w \sim 1/v$. Gln. (9) und (3) in Gl. (2) eingesetzt, ergeben

$$\frac{dv}{dt} - g + \frac{g}{v_s} \cdot v = 0\,, \tag{10}$$

wobei v_s wiederum für den Ausdruck steht, der sich mit $dv/dt = 0$ ergibt. Mit den gleichen Anfangsbedingungen wie für Gl. (5) lautet die Lösung dieser Differentialgleichung

$$x = f(t, v_s) = v_s \cdot t - \frac{v_s^2}{g}\left(1 - e^{-\frac{g\,t}{v_s}}\right). \tag{11}$$

Aus dieser Beziehung läßt sich ebenfalls eine Eichkurve der Form $v_s = f(t)$ berechnen, am einfachsten wieder unter Verwendung der dimensionslosen Form $x \cdot g/v_s^2 = f\,(g \cdot t/v_s)$, die jedoch exakt nur für Kugeln mit $\mathrm{Re}_s \leqq 1$ Gültigkeit besitzt. Ist $\mathrm{Re}_s > 1$, dann sind Beschleunigungsweg und -zeit kleiner, als

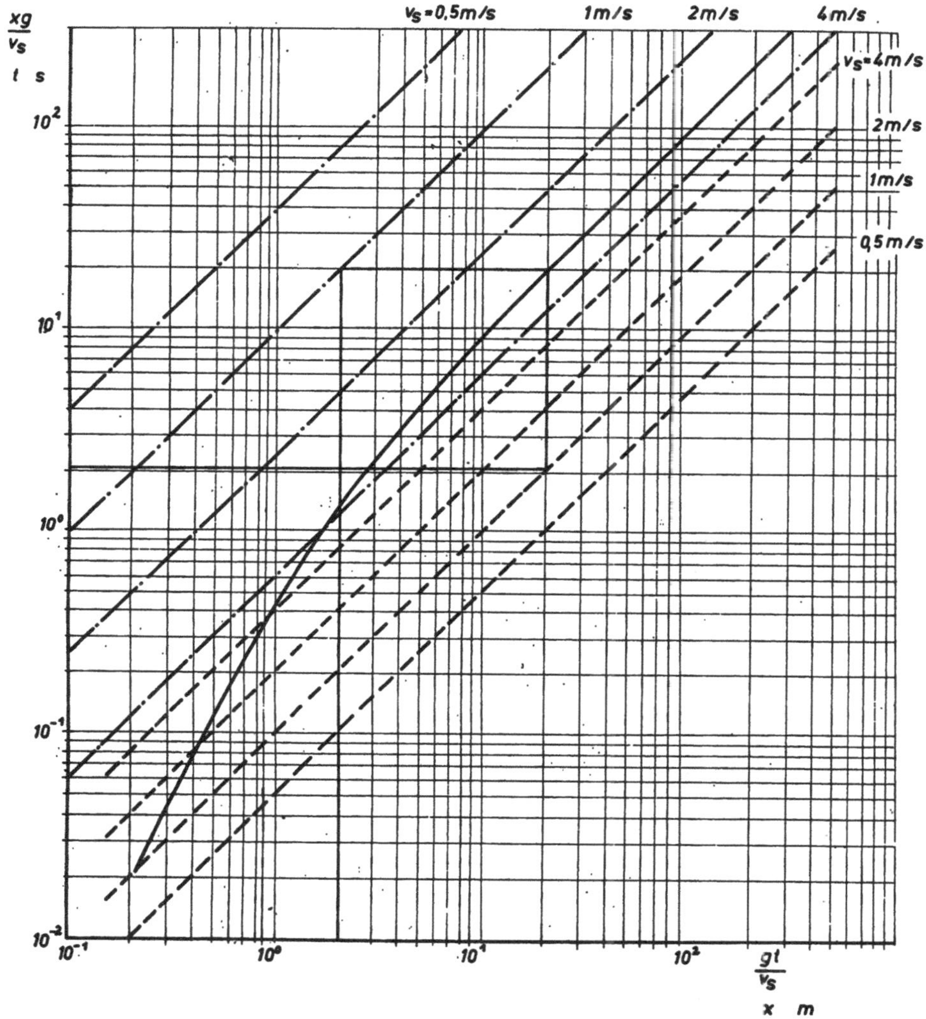

Abb. 4: Zusammenhang zwischen Fallstrecke x, Fallzeit t und Sinkgeschwindigkeit v_s für den Sonderfall $c_w = \text{const}$

——— $x \cdot g/v_s^2 = f(g \cdot t/v_s)$

— - — $x \cdot g/v_s^2 = f(x)$

- - - - - $g \cdot t/v_s = f(t)$

Es sind jeweils die Kurven $v_s = 0{,}5$; 1; 2; und 4 m/s dargestellt.

Eingezeichnetes Beispiel: $x = 2\ m$, $v_s = 1$ m/s, $x \cdot g/v_s^2 = 19{,}6$, $g \cdot t/v_s = 20{,}3$, $t = 2{,}07$ s

sich durch Rechnung ergibt, und die Auswertung der Fallzeit nach einer solchen Eichkurve ergäbe zu große Werte für die Sinkgeschwindigkeit.

Sowohl für radial angeblasene Kreiszylinder als auch für Kugeln wird der Anstieg der Kurve $c_w = f(\text{Re})$ im Bereich $\text{Re} < 2 \cdot 10^5$ nicht größer als im Gültigkeitsbereich von $c_w = 24/\text{Re}$ (Abb. 1). Legt man einen Verlauf $c_w \sim 1/v$ zu Grunde, dann ist die tatsächliche Sinkgeschwindigkeit für $\text{Re}_s > 1$ stets kleiner als die aus der Eichkurve ermittelte Sinkgeschwindigkeit. Andererseits ist die tatsächliche Sinkgeschwindigkeit größer als der abgelesene Wert, wenn man für die Eichkurve einen Verlauf $c_w = \text{const}$ zu Grunde legt. Durch Vergleich der nach diesen beiden Eichkurven ermittelten Ergebnisse läßt sich somit der Bereich angeben, in dem der systematische Fehler, bedingt durch die unexakte Erfassung des Beschleunigungsvorganges, für die Sinkgeschwindigkeit liegt. Die Gln. (6) und (11) werden dazu in die Form $g \cdot t/v_s = f\,(x/g \cdot t^2)$ gebracht. Da eine explizite Darstellung in dieser Form nicht möglich ist, erfolgt die Lösung der Gleichungen durch Näherungsverfahren. Der maximal mögliche prozentische Fehler ergibt sich zu

$$f = \frac{v_{sS} - v_{sN}}{v_{sS}} \cdot 100 = \left(1 - \frac{v_{sN}}{v_{sS}}\right) \cdot 100 \tag{12}$$

v_{sN} Sinkgeschwindigkeit aus der Eichkurve mit $c_w = \text{const}$ (Newton'sches Widerstandsgesetz)

v_{sS} Sinkgeschwindigkeit aus der Eichkurve mit $c_w \sim 1/v$ (Stockes'sches Widerstandsgesetz)

Der Verlauf des Fehlers ist dargestellt in Abhängigkeit von der dimensionslosen Größe $x/g \cdot t^2$ (Abb. 5). Der tatsächliche Wert von v_s kann also maximal um f % von v_{sS} kleiner sein als v_{sS}. Es ist ersichtlich, daß dieser Fehler bei großen Fallzeiten (Sinkgeschwindigkeit und Einfluß des Beschleunigungsvorganges sind gering) klein ist. Für eine Fallstrecke $x = 5$ m wurde die prozentische Abweichung, bezogen auf v_{sN}, zwischen den Sinkgeschwindigkeiten ermittelt, die sich ergibt, wenn eine Fallzeit nach den beiden Eichkurven ausgewertet wird (Abb. 7). Die Abweichungen sind vor allem bei großen Sinkgeschwindigkeiten sehr beträchtlich ($v_{sN} \approx 5$ m/s, $f \approx 30\%$).

2.4.3 Radial angeblasene Kreiszylinder mit $4 \cdot 10° < \text{Re}_s < 10^3$

Ausgangspunkt war die experimentelle Bestimmung der Sinkgeschwindigkeit von Getreidestroh-Häckselteilchen. Solche Teilchen können in grober Näherung als Kreiszylinder bezeichnet werden. Allerdings ist die mit der Sinkgeschwindigkeit gebildete Reynolds-Zahl Re_s im allgemeinen kleiner als 10^3. Um auch bei relativ kurzen Fallstrecken für die Sinkgeschwindigkeit etwas genauere Ergebnisse als über die Eichkurven nach den Gln. (6) oder (11) zu erhalten, wurde der Verlauf $c_w = f(\text{Re})$ im Bereich $4 \cdot 10° < \text{Re} < 10^3$ durch die Funktion

$$c_w = \frac{5{,}62}{\text{Re}^{0,25}} \tag{13}$$

angenähert (Abb. 1).

Der angegebene Bereich entspricht bei einem Häckselteilchen von 3 mm Durchmesser einer relativen Anblasegeschwindigkeit $v = 0{,}02...5{,}03$ m/s (Luft bei 20 °C und 760 Torr). Der Beschleunigungsvorgang im Bereich $\text{Re} < 4 \cdot 10°$

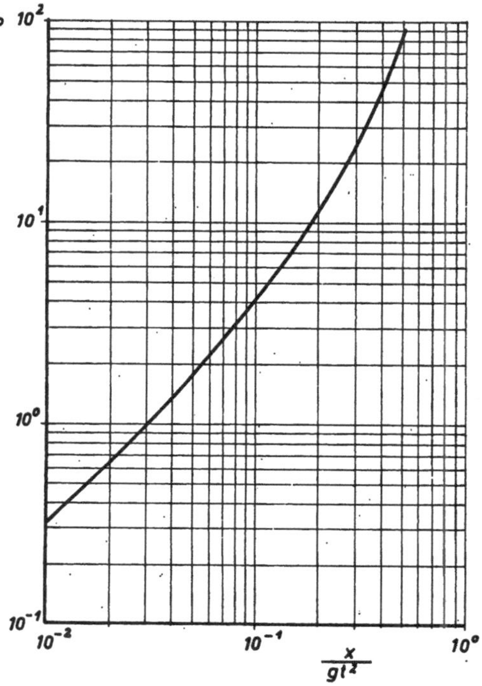

Abb. 5: Fehler, mit dem die Sinkgeschwindigkeit bei Kugeln und radial angeblasenen Kreiszylindern wegen der nicht exakten Berücksichtigung des Beschleunigungsvorganges maximal behaftet sein kann

weicht von der Gesetzmäßigkeit nach Gl. (13) sehr stark ab. Die Abweichung kann für diese Teilchen jedoch vernachlässigt werden, da der auf diesen Bereich entfallende Anteil des Beschleunigungsvorganges gering ist.
Unter Berücksichtigung der Gln. (3) und (13) erhält Gl. (2) die Form

$$(14) \qquad \frac{dv}{dt} - g + \frac{g}{v_s^{1,75}} \cdot v^{1,75} = 0 \,.$$

Mit Hilfe einer Reihenentwicklung für $(v/v_s)^{1,75}$ und Abbrechen nach dem quadratischen Glied wird eine geschlossene Näherungslösung für Gl. (14) möglich. Die Differentialgleichung lautet dann:

$$(15) \qquad \frac{\frac{dv}{dt}}{g} + \frac{21}{32}\left(\frac{v}{v_s} + \frac{1}{3}\right)^2 - \frac{7}{6} = 0 \,.$$

Mit den Anfangsbedingungen $t = 0$, $x = 0$, $v = 0$ ist deren Lösung:

$$(16) \qquad x = f(t, v_s) = v_s \cdot t + \frac{32}{21} \cdot \frac{v_s^2}{g} \ln \frac{5}{8}\, 1 + e^{-\frac{7}{4} \cdot \frac{g \cdot t}{v_s}} \,.$$

Aus Gl. (16) ließe sich ebenfalls eine Eichkurve $v_s = f(t)$ berechnen. Eine explizite Darstellung in dieser Form ist wiederum nicht möglich. Über eine dimensionslose Form von Gl. (16) kann die Berechnung der Eichkurve auch hierbei wesentlich erleichtert werden:

$$\frac{7}{4} \cdot \frac{x g}{v_s} = \frac{7}{4} \cdot \frac{g t}{v_s} + \frac{8}{3} \ln \frac{5}{8} \left(1 + \frac{3}{5} e^{-\frac{7}{4} \frac{g t}{v_s}}\right). \tag{17}$$

Auf die Wiedergabe der Eichkurve ist hier verzichtet worden. Statt dessen wurde für eine Fallstrecke $x = 5$ m die relative Abweichung zwischen den Sinkgeschwindigkeiten ermittelt, die sich bei Auswertung der Fallzeit nach der Eichkurve mit $c_w = \text{const}$ und nach der Näherungslösung für Kreiszylinder mit der Eichkurve nach Gl. (17) ergibt (Abb. 7). Die Abweichungen sind gering. Bei einer Sinkgeschwindigkeit $v_s = 5{,}5$ m/s liegt der nach der Näherungslösung Gl. (17) ermittelte Wert nur um etwa 2% über dem aus Gl. (8) gefundenen Wert.

3. Versuchseinrichtung

Zur Bestimmung der Sinkgeschwindigkeit von Getreidestroh-Häckselteilchen wird eine Fall- und Meßstrecke von $x = 5$ m benutzt. Die Zeitmessung erfolgt auf elektrischem Wege. Die dafür verwendete Meßeinrichtung hat folgenden Aufbau (Abb. 6):

Mit dem Schalter (4) wird über einen Elektromagneten die Abwurfeinrichtung ausgelöst und das Häckselteilchen für den Fall freigegeben. Die zurückgezogene Abwurfplatte schließt in ihrer Endstellung, wenn also das Teilchen freigegeben

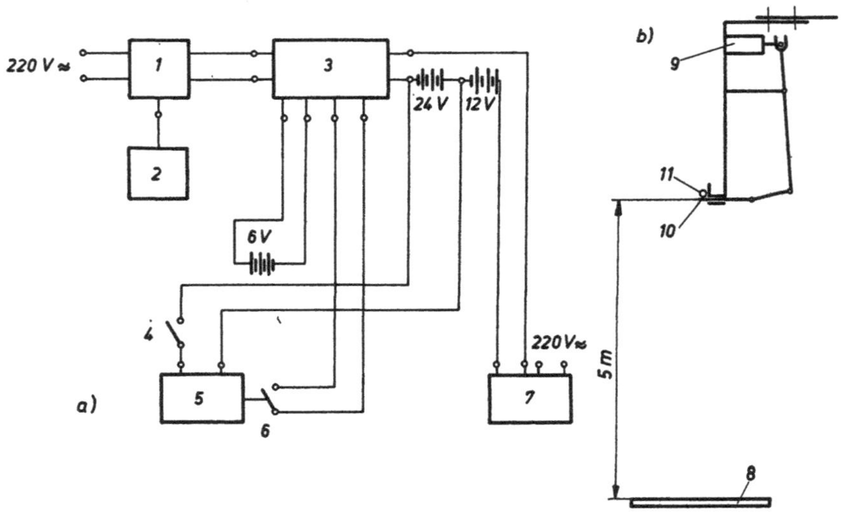

Abb. 6: Versuchseinrichtung
a) Blockschaltung der elektrischen Zeitmeßeinrichtung;
b) Schema der Versuchsanlage

1 Mikrofonverstärker, *2* Mikrofon, *3* Transistorschalter, *4* Auslöseschalter, *5* Abwurfeinrichtung, *6* Kontaktschalter, durch die Abwurfplatte betätigt, *7* Kurzzeitmesser, *8* Auffangmembran, *9* Elektromagnet, *10* Abwurfplatte, *11* Häckselteilchen

ist, einen Kontakt (6). Der dabei entstehende Schaltimpuls schaltet über den Transistorschalter den Kurzzeitmesser ein. Am Ende der Fallstrecke befindet sich eine Auffangmembran, die aus einem mit Transparentpapier bespannten Holzrahmen besteht. Unter dem Transparentpapier liegt ein Mikrofon. Das Auftreffgeräusch des Teilchens erzeugt im Mikrofon einen Spannungsimpuls, der entsprechend verstärkt den Kurzzeitmesser über den Transistorschalter wieder stillsetzt. Der Transistorschalter arbeitet nach einer bistabilen Kippschaltung. Er besitzt zwei getrennte Eingänge und zwei stabile Schaltzustände und spricht sowohl auf Spannungs- als auch auf Schaltimpulse an. Der erste Impuls bewirkt jeweils eine Veränderung des Schaltzustandes. Nachfolgende Impulse auf den gleichen Eingang haben keinen Einfluß auf den Schaltzustand des Gerätes. Die Zeitmessung ist mit einem Fehler von etwa 0,02 s bis maximal 0,05 s behaftet. Der Fehler entsteht durch Differenzen zwischen Teilchenabwurf und Beginn der Zeitmessung, durch die Ungenauigkeit des Kurzzeitmessers (Gerät der 1,5-Klasse, entsprechend einem Fehler von $\pm 0{,}015$ s), durch Schwankungen der Netzfrequenz und durch die Zeitkonstanten der elektronischen Geräte. Die Auswirkung des Fehlers in der Zeitmessung auf die Genauigkeit der Sinkgeschwindigkeit ist aus Abb. 7 ersichtlich. Wenn man berücksichtigt, mit welcher Genauigkeit die Kenntnis der Sinkgeschwindigkeit von Getreidestroh-Häckselteilchen für praktische Anwendungen erforderlich ist, dann ist die mit diesem Meßverfahren erzielte Genauigkeit als völlig ausreichend zu bezeichnen.

4. Meßergebnisse

Mit der beschriebenen Meßeinrichtung wurden die Sinkgeschwindigkeiten von Häckselteilchen (Gerstenstroh), die mit der Hand geschnitten, von Blatteilen befreit und nicht beschädigt waren, in Abhängigkeit von der Häcksellänge ($l = 10; 15; 25; 35; 50; 65; 80; 100; 120; 150$ mm) und der Knotenlage (ohne Knoten, Knoten in der Mitte und Knoten am Ende des Teilchens) bestimmt. Von jeder Häcksellänge und jeder Knotenlage wurden 50 Teilchen mit annähernd gleichem Durchmesser untersucht. Die Strohfeuchtigkeit betrug etwa 8,4%. Die Mittelwerte für die Sinkgeschwindigkeit aus jeweils 50 Einzelmessungen sind in Abhängigkeit von der Häcksellänge zusammen mit dem Variationsbereich der Meßwerte dargestellt (Abb. 8). Dabei erfolgte die Auswertung der Fallzeiten der Häckselteilchen ohne Knoten und mit Knoten in der Mitte nach der Eichkurve, die als Näherungslösung für radial angeblasene Kreiszylinder berechnet wurde (Gl. (17), da sich diese Teilchen auf Grund ihrer Schwerpunktlage im wesentlichen quer zur Anblasrichtung einstellten. Die Fallzeiten der Teilchen mit dem Knoten am Ende wurden nach der Eichkurve Bild 7 entsprechend Gl. (8) ausgewertet, da ihre Achse fast mit der Anblasrichtung zusammenfiel und somit in grober Näherung als axial angeblasene Kreiszylinder anzusehen waren (Knoten nach unten gerichtet). Für die Teilchen mit Knoten in der Mitte und ohne Knoten sind außerdem die Sinkgeschwindigkeiten errechnet (Abb. 8), die man aus den Mittelwerten der Teilchenmasse m, dem Durchmesser d und dem bekannten Widerstandsbeiwert c_w für radial

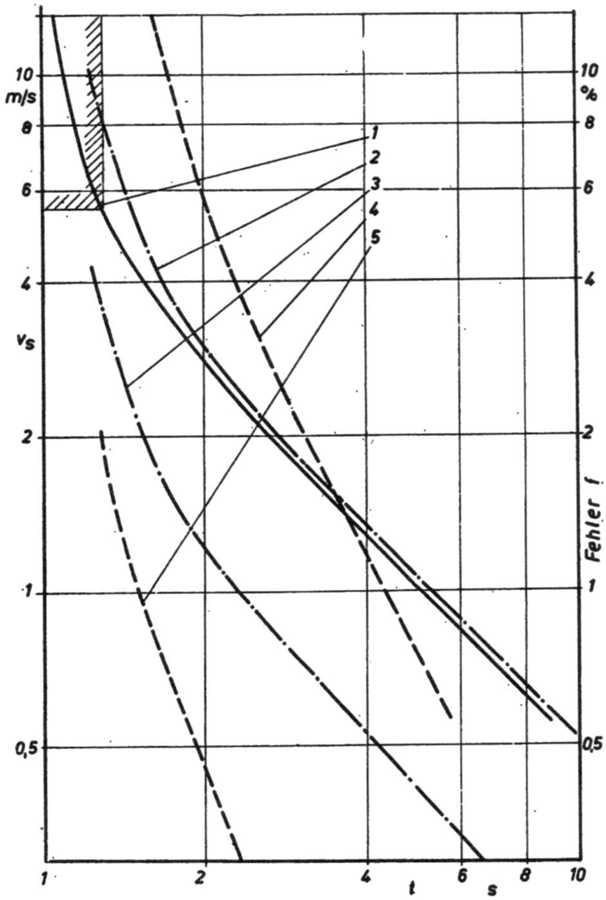

Abb. 7: Zusammenhänge zwischen Fallzeit t und Endgeschwindigkeit v_s bei einer Fallstrecke $x = 5$ m

— — — Kurve 1: Eichkurve $v_s = f(t)$ bei $c_w =$ const

— · — Kurve 2: prozentischer Fehler der Endgeschwindigkeit, wenn die Fallzeit mit einem Meßfehler $\Delta t = +0{,}05$ s behaftet ist

— · · — Kurve 3: desgleichen für Meßfehler $\Delta t = +0{,}02$ s

· · · · · Kurve 4: Prozentische Abweichung bezogen auf v_{sN} zwischen den Sinkgeschwindigkeiten nach Eichkurven mit $c_w \sim 1/v$ und $c_w =$ const

· · · · · Kurve 5: desgl. nach Eichkurven mit $c_w \sim 1/v^{0,25}$ und $c_w =$ const

angeblasene Kreiszylinder in Abhängigkeit vom Längenverhältnis l/d nach Gl. (4) unter Berücksichtigung von Gl. (3) erhält [2]. Entsprechend den Versuchsbedingungen wurde in der Rechnung für die Luftdichte $\varrho_0 = 1{,}20$ kg/m^3 eingesetzt.

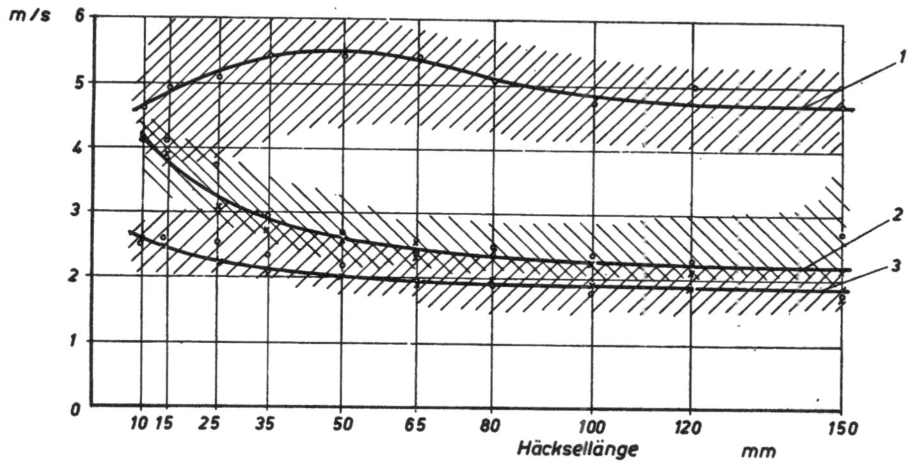

Abb. 8: Sinkgeschwindigkeit von Gerstenstroh-Häckselteilchen in Abhängigkeit von der Häcksellänge
— Meßwerte, × rechnerische Werte

Kurve 1: Knoten am Ende des Teilchens
Kurve 2: Knoten in der Mitte des Teilchens
Kurve 3: ohne Knoten

Zwischen den rechnerischen und den experimentellen Werten besteht z. T. eine sehr gute Übereinstimmung. Geringfügige Abweichungen sind bedingt durch Abweichungen von der idealen Kreiszylinderform (z. T. sehr erheblich), von der der Rechnung zu Grunde gelegten radialen Anblasung und vom Fehler des in der Rechnung verwendeten mittleren Teilchendurchmessers. Dieser Fehler wirkt sich vor allem bei den Teilchen mit Knoten in der Mitte aus, da hierbei die Verringerung des Durchmessers in der Nähe des Knotens vernachlässigt wurde. Außerdem haben die stets vorhandenen geringfügigen Luftbewegungen innerhalb der Meßstrecke und zusätzliche Eigenbewegungen der Teilchen Einfluß auf das Ergebnis. Daneben ergeben sich die Abweichungen auch dadurch, daß für die Rechnung Widerstandsbeiwerte eingesetzt wurden, die bei $Re = 8{,}8 \cdot 10^4$ gelten [2], während die Reynolds-Zahlen Re_s der untersuchten Häckselteilchen etwa im Bereich $Re = 3{,}6 \cdot 10^2 \ldots 8{,}2 \cdot 10^2$ liegen. Vor allem an der unteren Grenze des angegebenen Bereiches sind die Widerstandsbeiwerte größer als bei $Re = 8{,}8 \cdot 10^4$ (Abb. 1).

Für die Häckselteilchen mit dem Knoten am Ende wurden die Sinkgeschwindigkeiten nicht berechnet. Die Vorderkante, die durch den Knoten gebildet wird, weicht sehr stark von einem idealen Kreiszylinder ab. Außerdem ist die Größe der in Gl. (4) einzusetzenden Projektionsfläche F nicht eindeutig, da bereits bei geringen Abweichungen von der axialen Anblasung die tatsächliche Projektionsfläche gegenüber dem Teilchenquerschnitt sehr stark vergrößert wird. Setzt man in Gl. (4) für F den Teilchenquerschnitt ein, dann ergeben sich viel zu große Werte für die Sinkgeschwindigkeit. Lediglich die Tendenz der Kurve $v_s = f(l)$ entspricht dem nach dem bekannten Verlauf $c_w = f(l/d)$ zu erwartenden Kurvenverlauf (Abb. 8) [2].

5. Zusammenfassung

Mit den Gesetzmäßigkeiten über die Fallbewegung von Teilchen unter dem Einfluß des Widerstandes des umgebenden Mediums wurde die Möglichkeit der Sinkgeschwindigkeitsbestimmung aus der Fallzeitmessung beim Fallen insbesondere von Getreidestroh-Häckselteilchen in ruhender Luft untersucht und einige Grenzen für die Anwendung dieses Verfahrens angegeben. Die Integration der Bewegungsgleichung erfolgte für die Fälle $c_w = \text{const}$, $c_w \sim 1/v$ und $c_w \sim 1/v^{0,25}$. Für die Lösung mit $c_w = \text{const}$ ist ein Diagramm angegeben, mit dessen Hilfe für jede beliebige Fallstrecke x die Sinkgeschwindigkeit aus der Fallzeit ermittelt werden kann. Durch Vergleich der Lösungen mit $c_w \sim 1/v$ und $c_w = \text{const}$ wurde der maximal mögliche systematische Fehler bestimmt, der sich durch die unexakte Erfassung des Beschleunigungsvorganges bei Kugeln und radial angeblasenen Kreiszylindern ergibt. Die Näherungslösung für Bewegungsvorgänge von radial angeblasenen Kreiszylindern im Bereich $4 \cdot 10^\circ < \text{Re} < 10^3$ ($c_w \sim 1/v$) ergab bei einer Fallstrecke $x = 5$ m nur geringfügige Abweichungen von den Werten mit $c_w = \text{const}$. Zur praktischen Durchführung der Sinkgeschwindigkeitsbestimmung durch Fallzeitmessung wurde eine entsprechende Meßeinrichtung betichtet.

Выводы

В работе рассматривается возможность определения скорости витания путем измерения скорости падения, в частности скорости падения частиц измельченной сломомы в неподвижном воздухе. Указываются пределы применения предложенного метода. Уравнение движения интегрируется применительно к вариантам $c_w = \text{const}$, $c_w \sim 1/v$ и $э_w \sim 1/v^{0,25}$. Используя решение уравнения для варианта $c_w = \text{const}$ конструируется диаграмма, представляющая возможность определения скорости витания методом измерения скорости падения при людой длине пути падения. Противоставлением решений для вариантов $c_w \sim 1/v$ и $c_w = \text{const}$ определяется предельно возможная систематическая погрешность, получающаяся за счет невозможности точного описывания процесса ускорения шариков и круглых цилиндров, обтекаемых в перпендикулярной к продольной оси плоскости. Приближенное решение уравнения движения круглых цилиндров в радиально направленной воздушной струе при длине пути падения $x = 5$ м и в пределах $4 \,.\, 10^0 < \text{Re} < 10^3$ $c_w \sim 1/v^{0,25}$) разходится только незначительно с решением для варианта $c_w = \text{const}$, В заключение описывается измерительная установка для удобного определения скорости витания путем измерения времени падения и сообщаются результаты проведенных опытов.

Summary

The possibility of sinking speed determination on the basis of falling time measurement for falling particles of cereal straw chaff in air at rest was studied, and some limits of application of the method were given in relation to the principles which go for falling movement of particles confronted with resistance from the surrounding medium. The equation of movement was integrated for the following cases: $c_w = \text{const}$, $c_w \sim 1/v$ and $c_w = 1/v^{0,25}$. A diagram is given for the solution with $c_w = \text{const}$, so that the sinking speed may be determined for any falling distance from the falling time. The maximum possible systematic error which may result from unexact recording of acceleration for spheres and redially blown circular cylinders was determined by comparison between solutions with $c_w \sim 1/v$ and $c_w = \text{const}$. The approximate solution for movements of radially blown circular cylinders in the range of $4 \cdot 10^{\circ} < \text{Re} < 10^3$ (c_w $1/v^{0,25}$) with the falling distance being $x = 5$ gave neglective deviations only from the values obtained with c_w const. A measuring device for practical sinking speed determination by falling time measurement is described, and test results are reported.

Literaturverzeichnis

[1] Albring, W.: Angewandte Strömungslehre. Verlag Theodor Steinkopf Dresden, Leipzig 1962 (2. Aufl.) S. 296···300

[2] Eck, B.: Dubbels Taschenbuch für den Maschinenbau Bd. 1. Springer Verlag 1956 (11. Aufl.) S. 297···299

[3] Trapp, H.: Die experimentelle Ermittlung der Schwebegeschwindigkeit einiger landwirtschaftlicher Kultur- und Unkrautsamen. Forschungsabschlußbericht Institut für Landmaschinen- und Traktorenbau Leipzig 1962

Aus dem Institut für Landmaschinentechnik der Technischen Universität Dresden
Direktor: Prof. Dr.-Ing. W. GRUNER

RUDOLF SOUCEK

Zur Frage des Antriebes der Landmaschinen über Kreuzgelenke

Eingegangen: 19. 11. 1964

0. Zusammenstellung der wiederholt verwendeten Zeichen

$B_{2,4}$	[rad]	Amplituden (Verdrehwinkel) der 2. oder 4. Harmonischen des Beschleunigungsmomentes
c	[kp/cm]; [kpcm/rad]	Linear- oder Drehfedersteife
D	[—]	Dämpfungsgrad
i	[—]	Periodisch veränderliche Übersetzung der Winkelgeschwindigkeit zwischen den durch Kreuzgelenke verbundenen Wellen
M_A	[kpm]	Moment infolge des Arbeitswiderstandes
M_B	[kpm]	Beschleunigungsmoment
M_{br}	[kpm]	Bremsmoment
M_b	[kpm]	Biegemoment
M_t	[kpm]	Torsionsmoment
t	[s]	Zeit
U_g	[—]	Geometrischer Ungleichförmigkeitsgrad
U_t	[—]	Tatsächlicher Ungleichförmigkeitsgrad
α_i	[°]	Ablenkwinkel in der Ebene, die von 2 durch ein Kreuzgelenk verbundene Wellen festgelegt wird
β	[°]	Kurveneinschlagwinkel = Abweichung der Maschinenlängsachse von der Traktorlängsachse in der Draufsicht
γ	[°]	Drehversatz, d. h. Winkel zwischen zwei der bei α_i genannten Ebenen
$\delta = \tan^2 \alpha/2$		
ε	[1/s²]	Winkelbeschleunigung
η	[—]	Abstimmung = Ω/ω_k
Θ	[kpcms²]	Trägheitsmoment
ϱ	[kpcm⁻¹s]; [kpcms]	Dämpfungskonstante im Linear- oder Drehschwingungssystem
φ_i	[°]; [rad]	Drehwinkel der Welle i
$\Delta\varphi_{ij}$	[°]; [rad]	Differenz der Drehwinkel der Wellen i und j
ψ; ψ_0	[°]; [rad]	Verdrehwinkel des Wellensystems infolge Torsionsbeanspruchung
ω	[1/s]	Winkelgeschwindigkeit

ω_k	[1/s]	Kennkreisfrequenz = Eigenkreisfrequenz des gedämpften Schwingsystems (TGL 0–1311)
Ω	[1/s]	Kreisfrequenz der Erregung

Aus Messungen der dynamischen Belastung von Antriebselementen in Landmaschinen ist bekannt, daß die Lage der Gelenkwelle zwischen Traktor und Maschine und die im weiteren Antrieb eingebauten Kreuzgelenke auf Größe und Verlauf der Belastung einen erheblichen Einfluß ausüben. Starker Verschleiß und Ermüdungsbrüche an den Antriebselementen sind zum erheblichen Teil auf diese Ursache zurückzuführen.

Infolge der großen Bedeutung, die der Antrieb von Landmaschinen mittels Gelenkwellen z. Zt. hat und auch in Zukunft noch haben wird, erscheint eine genauere Untersuchung der dabei auftretenden Probleme notwendig.

1. Kinematische Beziehungen des Gelenkwellenantriebes

1.1 Bedeutung des Gelenkwellenantriebes und kinematische Beziehungen

Die Gelenkwelle hat für die Weiterleitung des Motordrehmomentes auf Anhänge-, Aufsattel- sowie Anbaumaschinen gleichermaßen Bedeutung, d. h. immer dann, wenn während der Arbeit eine Lageänderung zwischen Zapfwelle des Traktors und dem Maschinenantrieb möglich ist.

Daß Kreuzgelenke als winkelbewegliche Wellenkupplungen periodisch übersetzende Getriebe sind und nach welchen Gesetzen ihr Einbau zu erfolgen hat, um eine gleichförmige Drehbewegung zu erreichen, ist seit langem bekannt und in der Literatur sehr umfangreich behandelt [2; 3; 5···9; 12···17]. Diese Gesetze lassen sich beim Einbau von Kreuzgelenken in Antrieben mit nicht fluchtenden, aber starr zugeordneten Wellen leicht berücksichtigen.

Die Verhältnisse werden komplizierter, wenn während des Betriebes zwischen den Wellen Lageänderungen auftreten, wie z. B. bei Kraftfahrzeugen infolge der Federung, bei Diesellokomotiven infolge der Federung und des Bogenlaufes und bei Landmaschinen hauptsächlich infolge der Kurvenfahrt. Während bei den Kraftfahrzeugen Lageänderungen der Wellen in einer Ebene — in anderen Fällen werden Doppelkreuzgelenke eingesetzt —, bei den Lokomotiven zwar räumliche Anordnungen, aber mit sehr geringen Winkelabweichungen auftreten, sind die Verhältnisse bei den Landmaschinen derart ungünstig, daß die im Fahrzeug- und Lokomotivbau gewonnenen Erkenntnisse nur zu einem geringen Teil übertragbar sind.

In den erstgenannten Fällen ist die Zuordnung von An- und Abtrieb als eine Einheit gegeben und die möglichen Änderungen sind genau bekannt. Die Probleme des Antriebes der Landmaschinen ergeben sich aus den vielfältigen Kombinationsmöglichkeiten zwischen Traktoren und Maschinen. Es ist deshalb gerade hier erforderlich, die Anschlußmaße so festzulegen, daß die kinematischen Gesetzmäßigkeiten bei jeder Paarung eingehalten, oder nach allen Gesichtspunkten gesicherte Toleranzbereiche festgelegt werden.

In der DDR wurde 1961 mit TGL 7816 die Zuordnung von Zapfwelle des Traktors, Anhängeschiene und Maschinenantrieb in bestimmten Toleranzen festgelegt. Diese Maßnahme brachte gegenüber dem bisherigen Zustand auch international gesehen einen bedeutenden Fortschritt. Sie ist jedoch noch nicht genügend begründet, da sie für alle Kombinationen gleichermaßen nur auf den geometrischen Gesetzmäßigkeiten aufbaut, ohne die dynamischen Verhältnisse zu berücksichtigen [1; 4; 10; 11; 18; 19]

Eine Zusammenfassung der geometrischen Beziehungen an einem Kreuzgelenk oder am allgemeinsten Fall einer Gelenkwelle zeigt (Tab. 1), daß die aus der Literatur bekannten Gleichungen zur exakten Berechnung des Verlaufs der Antriebswinkelgeschwindigkeit und -beschleunigung sehr umfangreich sind, da diese Größen als Funktion des Drehwinkels φ_1 berechnet werden müssen. Am Institut wurden deshalb mit Hilfe der Harmonischen Analyse und unter Vernachlässigung der höheren Harmonischen ab 6. Ordnung Näherungslösungen entwickelt, die mit Hilfe von Nomogrammen schnell zu den gesuchten Werten $\Delta\varphi$, U_g, ω und ε führen. Auf die Ableitung der Gleichungen, deren Fehler, den Aufbau und die Darstellung der Nomogramme kann in diesem Zusammenhang nicht eingegangen werden. Es soll darüber an anderer Stelle berichtet werden.

Die Ablenkwinkel α_1, α_2 und der Drehversatz γ lassen sich in Abhängigkeit von der Zuordnung Traktor — Maschine in Abhängigkeit vom Kurven-Einschlagwinkel β über die das Gelenkwellensystem in den drei Ansichten charakterisierenden Winkel oder Längen, mit Hilfe der Vektorrechnung oder auf graphischem Wege ermitteln. Damit lassen sich ω, ε und aus der Beziehung

$$(1) \qquad U_g = \frac{\omega_{\text{max}} - \omega_{\text{min}}}{\omega_{\text{mittel}}}$$

der geometrische Ungleichförmigkeitsgrad berechnen.

1.2 Bedingungen für den kinematisch richtigen Einbau von Gelenkwellen in Landmaschinenantriebe

Es seien an dieser Stelle nochmals die geometrischen Forderungen an einen gleichförmigen Gelenkwellenantrieb zusammengefaßt:

1. Die beiden Ablenkwinkel α_1 und α_2 müssen immer gleich sein.
2. Es darf kein Drehversatz γ auftreten. Das 2. Gelenk muß gegenüber dem 1. Gelenk um 90° versetzt angeordnet sein, d. h. die Gelenkgabeln auf der Zwischenwelle müssen in einer Ebene liegen. Tritt bei starrer Zuordnung von sich kreuzenden Wellen ein Drehversatz auf, so kann dieser durch Verdrehen der Gelenke um diesen Winkel aufgehoben werden. Dieser Fall ist für die bewegliche Anordnung der Maschine am Traktor nicht zutreffend.

Daraus ergeben sich für den Einbau der Gelenkwelle zwischen Traktor und Landmaschine folgende Bedingungen:

1. Die zu verbindenden Wellen müssen bei Geradeausfahrt fluchten.

		Abtriebsdrehwinkel	Differenzwinkel	Abtriebs-Winkelgeschwindigkeit	Abtriebs-Winkelbeschleunigung
Einfaches Kreuzgelenk 	exakt	$\tan\varphi_2 = \cos\alpha_1 \cdot \tan\varphi_1$	$\tan\Delta\varphi_{21} = \frac{\tan\varphi_1(\cos\alpha - 1)}{1 + \tan^2\varphi_1 \cdot \cos\alpha}$	$\omega_2 = \omega_1 \cdot \frac{\cos\alpha}{1 - \sin^2\alpha \cdot \sin^2\varphi_1}$	$\varepsilon_2 = \omega_1^2 \cdot \frac{\cos\alpha \cdot \sin^2\alpha \cdot \sin 2\varphi_1}{(1 - \sin^2\alpha \cdot \sin^2\varphi_1)^2}$
	Näherung		$\Delta\varphi_{21} = -A_1 \cdot \sin 2\varphi_1 + A_2 \cdot \sin 4\varphi_1$ $A_1 \approx \Delta\varphi_{21max}$	$\omega_2 = \omega_1(1 - 2A_1 \cdot \cos 2\varphi_1 + 4A_2 \cdot \cos 4\varphi_1)$ $U_g = 4A_1$	$\varepsilon_2 = \omega_1^2(4A_1 \cdot \sin 2\varphi_1 - 16A_2 \cdot \sin 4\varphi_1)$
Gelenkwelle-allgemeinster Fall 	exakt	$\tan\varphi_3 = \frac{\tan\varphi_1 \cos\alpha_1 + \tan\gamma}{(1 - \tan\varphi_1 \cdot \cos\alpha_1 \cdot \tan\gamma)\cos\alpha_2}$ $= \lambda \frac{\tan\varphi_1 + \frac{\tan\gamma}{\cos\alpha_1}}{1 - \tan\varphi_1 \cdot \tan\gamma \cdot \cos\alpha_1}$	$\tan\Delta\varphi_{31} = \frac{D_1 \cdot \tan^2\varphi_1 + D_2 \cdot \tan\varphi_1 - D_3}{D_4 \cdot \tan^2\varphi_1 + D_5 \tan\varphi_1 + D_6}$	$\omega_3 = \omega_1 \cdot \frac{\cos\alpha_1 \cdot \cos\alpha_2}{c_1 \cdot \sin 2\varphi_1 + c_2 \cdot \cos^2\varphi_1 + c_3 \cdot \sin^2\varphi_1}$	$\varepsilon_3 = \omega_1^2 \cdot \frac{2[(c_2 - c_3)\sin 2\varphi_1 - 2c_1 \cdot \cos 2\varphi_1]\cos\alpha_1 \cdot \cos\alpha_2}{[c_1 \cdot \sin 2\varphi_1 + c_2 \cdot \cos^2\varphi_1 + c_3 \cdot \sin^2\varphi_1]^2}$
	Näherung		$\Delta\varphi_{31} = -A_{1R} \cdot \sin 2(\varphi_1 + \gamma_1^*) + A_{2R} \cdot \sin 4(\varphi_1 + \gamma_2^*)$ $= -\frac{U_g}{4}\sin(\varphi_1 + \varphi_1^*) + \frac{U_g}{32} \cdot \sin 4(\varphi_1 + \gamma_2^*)$ $U_g \approx 4A_{1R}$	$\omega_3 = \omega_1[1 - 2A_{1R}\cos 2(\varphi_1 + \gamma_1^*) + 4B_4 \cos 4(\varphi_1 + \gamma_{r_2})]$ $= \omega_1[1 - \frac{U_g}{2}\cos 2(\varphi_1 + \gamma_1^*) + \frac{U_g}{8}\cos 4(\varphi_1 + \gamma_{r_2})]$	$\varepsilon_3 = \omega_1^2[4A_{1R} \cdot \sin 2(\varphi_1 + \gamma_1^*) - 16B_4 \cdot \sin 4(\varphi_1 + \gamma_{r_2})]$ $= \omega_1^2[U_g \cdot \sin 2(\varphi_1 + \gamma_1^*) - \frac{U_g}{2}\sin 4(\varphi_1 + \gamma_{r_2})]$

$D_1 = \tan\gamma \cdot \lambda(\cos\alpha_2 - 1) = D_3 \cos\alpha_1$

$D_2 = \lambda - 1 + \cos\alpha_1 \cdot \tan^2\gamma - \frac{\tan^2\gamma}{\cos\alpha_2} = D_4 - D_6$

$D_3 = (1 - \frac{1}{\cos\alpha_2}) \cdot \tan\gamma$

$D_4 = \tan^2\gamma \cdot \cos\alpha_1 + \lambda$

$D_5 = \tan\gamma(\frac{1}{\cos\alpha_2} + \lambda - \cos\alpha_1 - 1) = -D_3 - D_1 = -D_3(1 + \cos\alpha_1)$

$D_6 = \frac{\tan^2\gamma}{\cos\alpha_2} + 1$

$\lambda = \frac{\cos\alpha_1}{\cos\alpha_2}$

$c_1 = \frac{1}{2} \cdot \sin 2\gamma \cdot \cos\alpha_1 \cdot \sin^2\alpha_2$

$c_2 = \sin^2\gamma + \cos^2\gamma \cdot \cos^2\alpha_2$

$c_3 = \cos^2\alpha_1(\cos^2\gamma + \sin^2\gamma \cdot \cos^2\alpha_2)$

$A_1 = -F_1(1 + \frac{F_1^2}{2})$

$A_2 = \frac{F_1^2}{2}(1 + \frac{F_1^2}{2})$

$F_1 = \frac{\cos\alpha - 1}{\cos\alpha + 1} = \tan^2\left(\frac{\alpha}{2}\right)$

$A_{1R} = \sqrt{A_{11}^2 + A_{12}^2 - 2A_{11} \cdot A_{12} \cdot \cos 2\gamma}$

$A_{2R} = \sqrt{A_{21}^2 + A_{22}^2 - 2A_{21} \cdot A_{22} \cdot \cos 2\gamma}$

$A_{11} = A_1[f(\alpha_1)]$

$A_{12} = A_1[f(\alpha_2)]$

$A_{21} = A_2[f(\alpha_1)]$

$A_{22} = A_2[f(\alpha_2)]$

$\tan 2\gamma^* = \frac{-\sin 2\gamma}{\frac{A_{11}}{A_{12}} - \cos 2\gamma}$

$\tan 4\gamma^* = \frac{\sin 4\gamma}{\frac{A_{21}}{A_{22}} + \cos 4\gamma}$

Zusammenstellung der Beziehungen am Kreuzgelenk und an der Gelenkwelle

Berichtigung: In der Nährungsgleichung für den Differenzwinkel Gelenkwelle — allgemeinster Fall ist φ^* durch γ^* zu ersetzen.

Die letzte Gleichung der Zusammenstellung muß richtig heißen: $\tan 4\gamma^* = \frac{\sin 4\gamma}{\frac{-A_{21}}{A_{22}} + \cos 4\gamma}$

2. Der Anhänge- oder Aufsattelpunkt muß auf der horizontalen Mittelsenkrechten der Verbindung zwischen den beiden Gelenkpunkten liegen, bei Geradeausfahrt möglichst senkrecht unter oder über der Zwischenwelle, da dann bei Kurvenfahrt die geringsten axialen Längenänderungen auftreten.
3. Kein Drehversatz zwischen den beiden Gelenken.

Auch bei exakter Erfüllung dieser Bedingungen ist im praktischen Betrieb eine einwandfreie Übertragung der Drehbewegung nicht zu erreichen. Es treten neben dem Kurveneinschlagwinkel noch Nick- und Kippbewegungen sowie Höhendifferenzen zwischen Traktor und Maschine auf.

2. Dynamische Betrachtungen am Gelenkwellenantrieb

2.1 Stand der Forschung

Es ist bekannt, daß bei der Übertragung eines Betriebsdrehmomentes über einen unausgeglichenen Gelenkwellenantrieb eine Abtriebswinkelbeschleunigung ε hervorgerufen wird und dadurch im Antriebssystem zusätzliche Belastungen (Abb. 1) auftreten [2; 3; 5].

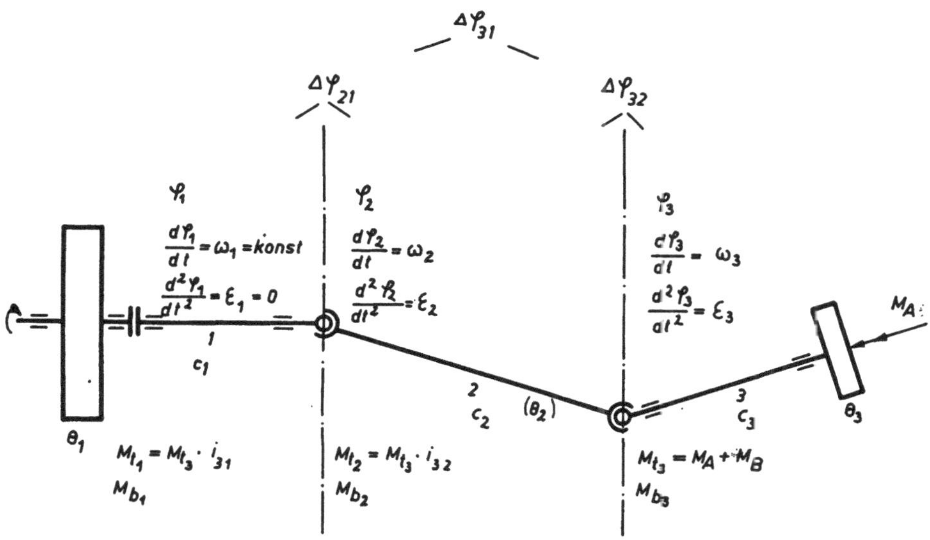

Abb. 1: Belastung einer Gelenkwelle unter der Wirkung von M_A; ($\Theta_1 \gg \Theta_3$)

Die weiteren Betrachtungen beziehen sich vorwiegend auf Größe und Verlauf des Beschleunigungsmomentes M_B. In zahlreichen Quellen [7···10] wird angenommen, daß die einzelnen Abschnitte des Antriebes sich nach den geometrischen Gesetzmäßigkeiten bewegen. Das führt zu dem oft vorhandenen Hinweis, daß sich M_B aus

(2) $$M_B = \Theta \cdot \varepsilon$$

oder nach KUTZBACH [7] aus

$$(2.1) \qquad M_B = \Theta \cdot \omega_1^2 \, (U_g \cdot \sin 2\,\varphi_1 - U_g^2 \cdot \sin 4\,\varphi_1)$$

ergibt.

Bereits am einfachen Beispiel läßt sich zeigen, daß nach diesen Beziehungen im praktischen Betrieb Beschleunigungsmomente auftreten müßten, die das statische Bruchmoment der Antriebsglieder um ein Mehrfaches übersteigen. Die Ursache dafür, daß die tatsächlichen Werte weit unter diesen berechneten liegen, ist in dem Nichtbeachten der dynamischen Kenngrößen des Systems zu suchen. Die infolge des unausgeglichenen Gelenkwellensystems in den Antrieb eingeleitete periodische Erregung führt in Verbindung mit den dynamischen Kenngrößen wie Federsteife, Trägheitsmoment und Dämpfungsgrad zu Schwingungen, die für die Belastung maßgebend sind.

Theoretische Betrachtungen auf dem Gebiet der Lokomotivantriebe [20; 22; 25; 28] und allgemeiner Art [31] sind durchgeführt worden. Sie gelten für eindeutig definierte Systeme mit nur geringen theoretischen Ungleichförmigkeitsgraden und sind, da sie nicht durch Meßergebnisse belegt werden, teilweise anzuzweifeln.

Die vom Verfasser durchgeführten Untersuchungen haben das Ziel, einen Zusammenhang zwischen den dynamischen Kennwerten der Antriebselemente der Landmaschinen und einen durch die Gelenkwelle verursachten geometrischen Ungleichförmigkeitsgrad zu finden.

2.2 Untersuchung des Beschleunigungsmomentes M_B

2.2.1 Auswertung des Momentverlaufs im Antrieb des Feldhäckslers E 065

Für den vom Traktor RS 14/30 angetriebenen Feldhäcksler E 065 (Abb. 2) ist in Abhängigkeit vom Kurveneinschlagwinkel β bei konstanter Antriebswinkel-

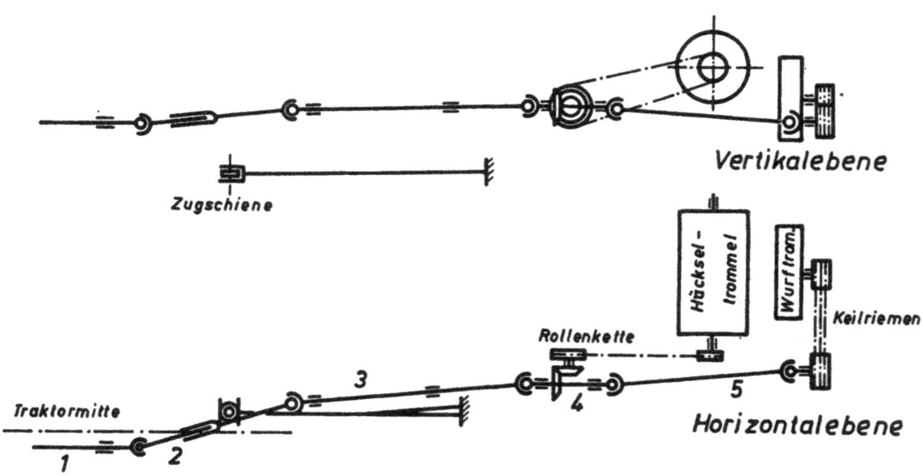

Abb. 2: Antriebsschema des Feldhäckslers E 065

geschwindigkeit ω_1 für die Welle 4 im Maschinenantrieb nach den Beziehungen in Tab. 1 der Verlauf des geometrischen Ungleichförmigkeitsgrades (Abb. 3) errechnet. Der dazugehörige Verlauf des im Oszillogramm aufgezeichneten Beschleunigungsmomentes M_B (Abb. 4) deutet mit noch zu untersuchenden Einschränkungen auf einen Zusammenhang zwischen U_g und M_B hin. Aus diesem Grunde wurden an einem Prinzipversuchsstand theoretische und praktische Untersuchungen durchgeführt.

2.2.2 Untersuchungen am Modell

2.2.2.1 Aufbau des Versuchsstandes (Abb. 5)

Der Antrieb erfolgt von einem E-Motor (1) über ein stufenlos regelbares Getriebe (2), ein großes Schwungrad (3) und eine Gelenkwelle (4) auf die Antriebswelle (5).

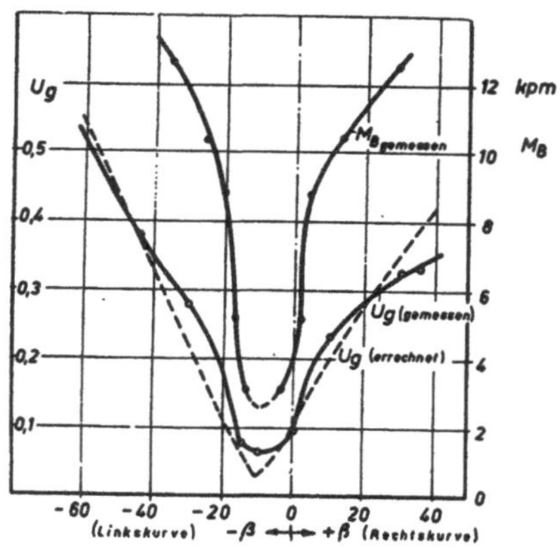

Abb. 3: Verlauf des geometrischen Ungleichförmigkeitsgrades und des gemessenen Beschleunigungsmomentes im Antrieb des Wurfrades am Feldhäcksler E 065

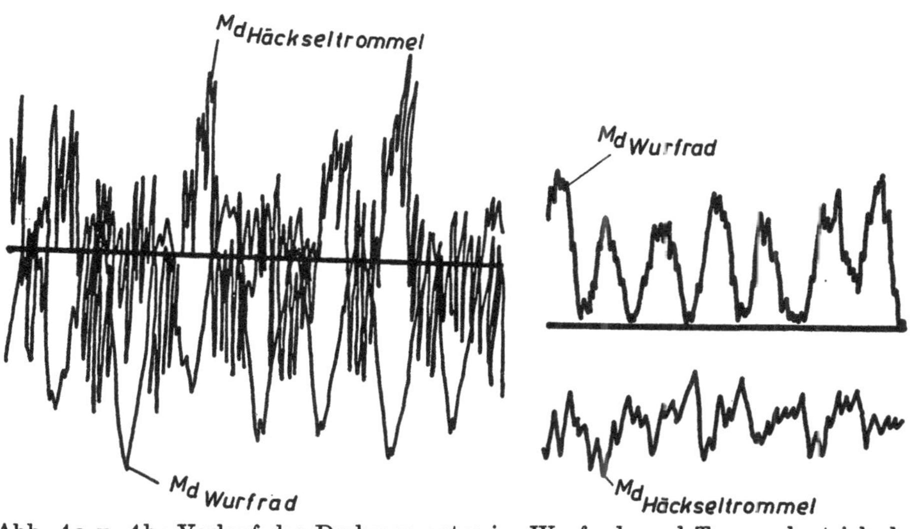

Abb. 4a u. 4b: Verlauf des Drehmomentes im Wurfrad- und Trommelantrieb des Feldhäckslers E 065

a) Leerlauf der Maschine b) Häckseln von Sonnenblumen

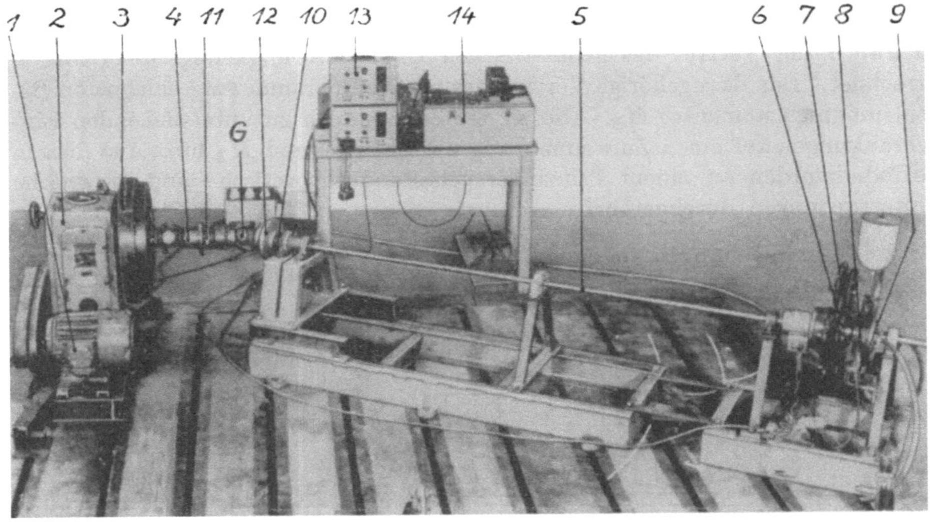

Bild 5: Versuchsstand

Auf dieser kann die Scheibe (6) über Reibschluß je nach Wahl der Federsteife ($c_{min} = 1{,}05 \cdot 10^4$ kpcm/rad; $c_{max} = 5{,}15 \cdot 10^4$ kpcm/rad) in beliebiger Entfernung vom Gelenk befestigt werden. Das Trägheitsmoment der Scheibe läßt sich durch Zusatzmassen (7) in 5 Stufen variieren ($\Theta_{min} = 2{,}20$ kpcm s², $\Theta_{max} = 17{,}56$ kpcm s²). Außerdem läßt sich die Scheibe (6) über einen Freilauf oder mit einstellbarem Spiel mit der Welle verbinden. Mittels einer ölgeschmierten und wassergekühlten Bandbremse (8) kann ein Belastungsmoment aufgebracht werden. Das Bremsmoment wurde mittels einer induktiven Druckkraftmeßdose (9), das Drehmoment in der Welle mittels spezieller Torsionsdehnmeßstreifen (10), teilweise auch mittels eines induktiven Gebers (11) in der Zwischenwelle gemessen. Zur Meßeinrichtung gehören ferner der Stromabnehmer (12), Vorverstärker (13) und Schleifenoszillograph (14). Durch Abwinkelung der Welle (5) am Gelenk G von 0 bis 35° konnte ein geometrischer Ungleichförmigkeitsgrad von 0 bis 0,4 erzeugt werden (Abb. 6).

2.2.2.2 Theoretische Betrachtungen und Auswertung der Meßergebnisse

Wird von einem konstant umlaufenden Antrieb eine Schwungmasse über ein abgewinkeltes Kreuzgelenk angetrieben, so kann bei Vernachlässigung der Federmasse das System als Einmassensystem mit periodischer Erregung der Stützung [29] angesehen werden. Für diese Anordnung ergibt sich nach Abb. 7 folgende Schwingungsgleichung [29]:

$$\Theta \cdot \ddot{\varphi} + \varrho \dot{\psi} \cdot + c\varphi = c(\psi_0 + \psi) + \varrho \cdot \dot{\varphi} \,. \tag{3}$$

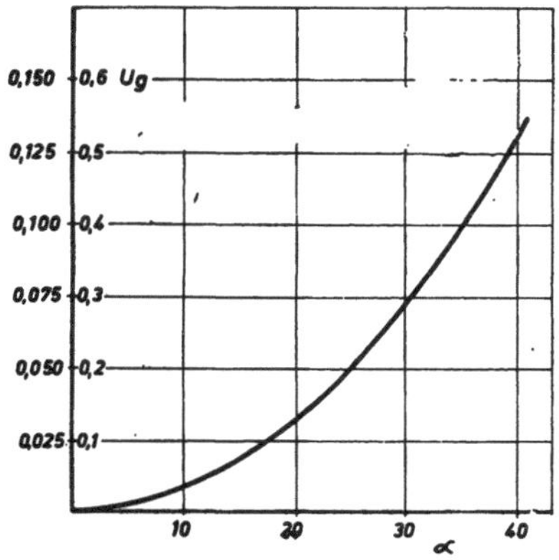

Bild 6: Zusammenhänge am einfachen Kreuzgelenk nach der Gleichung
$4\,\Delta\,\varphi \approx U_g = f(\alpha) = \frac{\sin^2 \alpha}{\cos \alpha}$

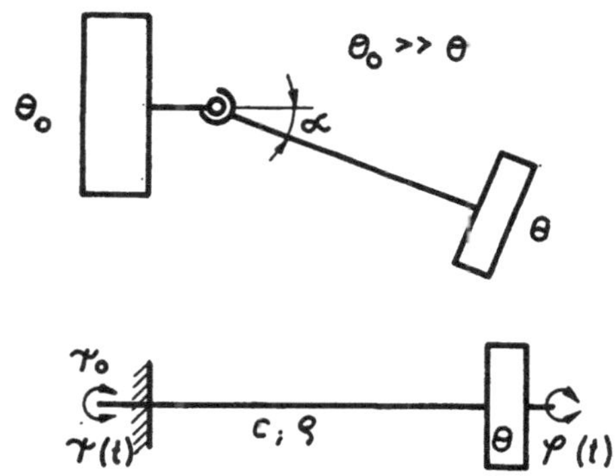

Bild 7: Schwingungsmodell des Versuchsstandes

Durch Einführung des dimensionslosen Zeitmaßstabes τ und folgender Beziehungen [29]

$$\tau = \omega_k \cdot t = \sqrt{\frac{c}{\Theta}} \cdot t\,; \quad \eta = \frac{\Omega}{\omega_k}\,; \quad 2\,D = \frac{\varrho}{\sqrt{c \cdot \Theta}}\,; \quad \varphi' = \frac{d\varphi}{d\tau} = \frac{\dot{\varphi}}{\omega_k}\,; \quad \varphi_1 = \Omega\,t\,;$$

Erregerfunktion des Kreuzgelenkes $\psi = \sum 1/n\,\delta^n \sin 2\,n\,\Omega\,t$,
$\dot{\psi} = \Omega \sum 2\,\delta^n \cos 2\,n\,\Omega\,t$,

wobei $\delta = \tan^2(\alpha/2)$ und $n, 1, 2, 3, \ldots$

lautet die Differentialgleichung

$$\varphi'' + 2\,D\,\varphi' + \varphi = \psi_0 + \sum_{n=1}^{\infty} 1/n\,\delta^w \sin 2\,n\,\eta\,\tau + 4\,D\,\eta \sum_{n=1}^{\infty} \delta^w \cos 2\,n\,\eta\,\tau\,. \tag{4}$$

Nach einiger Zwischenrechnung ergeben sich der Absolutausschlag

$$\varphi = \psi_0 + \sum_{n=1}^{\infty} a_n \cos 2\,n\,\eta\,\tau + \sum_{n=1}^{\infty} b_n \sin 2\,n\,\eta\,\tau = \psi_0 + \sum_{n=1}^{\infty} B_n^* \sin(2\,n\,\eta\,\tau - \xi_n^*) \tag{5}$$

und der dem Beschleunigungsmoment entsprechende Relativausschlag

$$\varphi_r = \varphi - \psi = \psi_0 + \sum_{n=1}^{\infty} a_n \cos 2\,n\,\eta\,\tau + \sum_{n=1}^{\infty} b_n' \sin 2\,n\,\eta\,\tau = \tag{6}$$

$$= \psi_0 + \sum_{n=1}^{\infty} B_n \sin(2\,n\,\eta\,\tau - \xi_n)\,.$$

Daraus erhält man die maximalen Amplituden des Absolutausschlages

$$B_n^* = \frac{1}{n}\,\delta^n \sqrt{\frac{16\,n^2\,D^2\,\eta^2 + 1}{(1 - 4\,n^2\,\eta^2)^2 - 16\,D^2\,n^2\,\eta^2}} \tag{7}$$

und des Relativausschlages

$$B_n = \frac{1}{n}\,\delta^n \frac{4\,n^2\,\eta^2}{\sqrt{(1 - 4\,n^2\,\eta^2)^2 + 16\,D^2\,n^2\,\eta^2}}\,. \tag{8}$$

Die Phasenverschiebung der einzelnen Harmonischen gegenüber der Erregung ergibt sich

für die Absolutausschläge aus:

$$\tan \xi_n^* = \frac{4\,Dn\,\eta \cdot 4\,n^2\,\eta^2}{1 - 4\,n^2\,\eta^2 + 16\,D^2 n^2\,\eta^2}, \tag{9}$$

für die Relativausschläge aus

$$\tan \xi_n = \frac{4\,D\,n\,\eta}{1 - 4\,D\,n^2\,\eta^2}. \tag{10}$$

Ein Vergleich der Meßergebnisse mit den Amplituden der 2. Harmonischen nach Gl. 8 ($n = 1$) zeigt für den gesamten Abstimmungsbereich mit U_g als Parameter gute Übereinstimmung (Abb. 8). Da die Meßwerte für eine bestimmte Abstimmung aus verschiedenen Kombinationen von Federsteife, Trägheitsmoment und Erregerfrequenz gewonnen wurden, ist die Ordinate im Maßstab des Verdrehwinkels der Welle geteilt. Der mittlere Dämpfungsgrad des Systems wurde mit $D = 0{,}035$ ermittelt

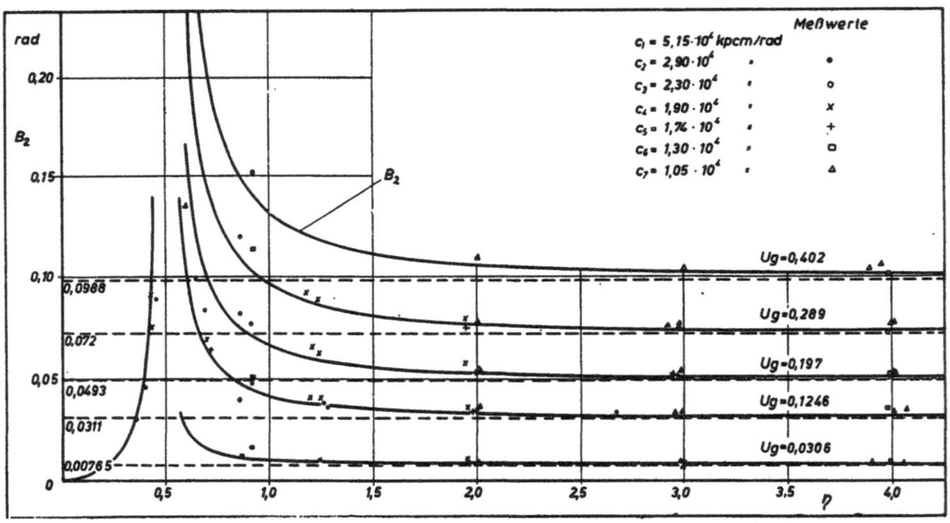

Bild 8: Errechnete Amplitude B_2 der 2. Harmonischen und Meßwerte in Abhängigkeit von Abstimmung η und Ungleichförmigkeitsgrad U_g nach der Gleichung

$$B_2 = \lambda \frac{4\,\eta^2}{\sqrt{(1 - 4\,\eta^2)^2 - 16\,D^2\,\eta^2}} \quad ; \quad \lambda = \tan^2 \frac{\alpha}{2} \quad ; \quad D = 0{,}035$$

Das Verhältnis V von dynamischer zu geometrischer Amplitude (Abb. 9) zeigt, daß die gemessenen Werte in der Mehrzahl eine positive Abweichung vom errechneten Sollwert besitzen. Die Ursache für die größeren Abweichungen der Werte mit abnehmendem Ungleichförmigkeitsgrad liegt darin, daß infolge Fertigungs- und Einstellfehler in den Kreuzgelenken und ihrem Einbau auch bei $U_g \to 0$ bereits kleine Beschleunigungsmomente auftreten, die sich als konstanter Wert zu dem theoretisch zu erwartenden addieren.

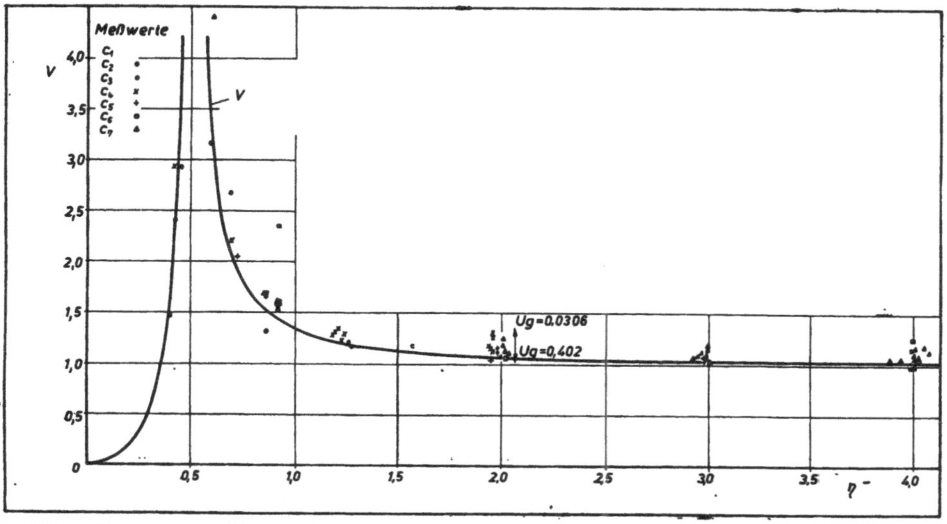

Bild 9: Errechnete Vergrößerungsfunktion V der 2. Harmonischen und Meßwerte nach der Gleichung $V = \frac{B_2}{\lambda} = \frac{4\,\eta^2}{\sqrt{(1 - 4\,\eta^2)^2 + 16\,D^2\,\eta^2}}$

Der Einfluß der einzelnen Harmonischen wurde mehrfach untersucht [8; 14]. Den errechneten Verlauf der Amplitude der 2. und 4. Harmonischen zeigt Abb. 10. Die Amplituden aus den harmonisch analysierten Meßschreiben zeigen

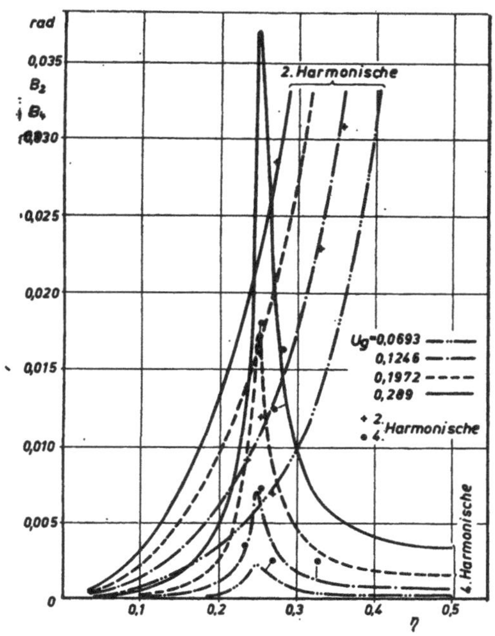

Bild 10: Errechneter Relativausschlag der 2. und 4. Harmonischen in Abhängigkeit von Abstimmung und Ungleichförmigkeit ($D = 0{,}035$) und Meßwerte

für die 2. Harmonische sehr gute Übereinstimmung. Die Abweichungen der Meßpunkte der 4. Harmonischen lassen sich vor allem aus dem großen Einfluß der Dämpfung im Resonanzgebiet und den mit kleiner werdenden Amplituden zunehmenden Meß- und Ablesefehlern erklären. Das Verhältnis B_4/B_2 (Abb. 11) zeigt deutlich, daß der Einfluß der 4. Harmonischen nur in deren Resonanzgebiet, für die weiteren höheren Harmonischen bei den entsprechend geringeren Abstimmungen, wesentlich ist. Der Einfluß wird durch die Phasenverschiebung zwischen den einzelnen Harmonischen weiter geschwächt. Selbst ohne Berücksichtigung der Phasenverschiebung ist der Einfluß der 4. Harmonischen für $\eta > 0{,}4$ und $U_g < 0{,}55$ kleiner als 7%.

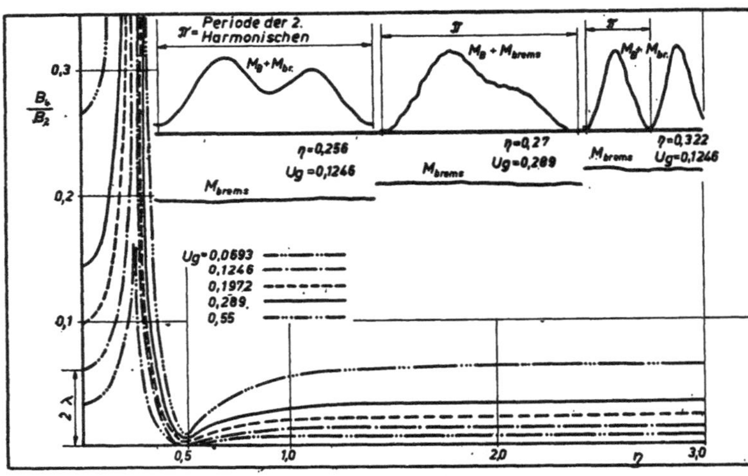

Bild 11: Verhältnis der Amplituden der 4. und 2. Harmonischen

Für den praktischen Betrieb der Landmaschinen ist der überkritische Bereich der 2. Harmonischen, für den der Einfluß der höheren Harmonischen ohne Bedeutung ist, von besonderem Interesse. Ohne Berücksichtigung der statischen Auslenkung und der ohnehin geringen Dämpfung erhält Gl. (3) die Form

$$(11) \qquad \Theta \cdot \ddot{\varphi} + c \cdot \varphi - c \cdot \psi = 0 \,.$$

Die Erregerfunktion ψ ist näherungsweise (Tafel 1)

$$\psi = \Delta\psi_{21} = - A_1 \sin 2\varphi \,,$$

wobei

$$A_1 = \Delta\varphi_{\max} \,.$$

Damit wird

$$(12) \qquad \varphi = \frac{-A_1}{1 - 4\eta^2} \cdot \sin(2\varphi_1 + \xi^*) \quad \text{mit} \quad \varphi_1 = \Omega \cdot t$$

und es ergibt sich

$$(13) \qquad \frac{d^2\varphi}{dt^2} = \varepsilon_t = \frac{4 A_1 \cdot \Omega^2}{1 - 4\eta^2} \cdot \sin(2\varphi_1 + \xi^*)$$

und

$$(13a) \qquad \varepsilon_{t\,max} = \frac{4\,A_1 \cdot \Omega^2}{1 - 4\,\eta^2}.$$

Mit $4\,A_1 \approx U_g \approx 4\,\Delta\varphi_{max}$ (Abb. 6) ist die tatsächliche Winkelbeschleunigung eine Funktion der geometrischen und dynamischen Verhältnisse:

$$(14) \qquad \varepsilon_{t\,max} = \frac{U_g \cdot \Omega^2}{1 - 4\,\eta^2} = \frac{U_g}{\left(\frac{1}{\Omega^2} - \frac{4\,\Theta}{c}\right)};$$

$$\eta = \frac{\Omega}{\omega_k}; \qquad \omega = \sqrt{\frac{c}{\Theta}}.$$

Somit ist

$$(15) \qquad M_{B\,max} = -\,\Theta \cdot \varepsilon_{t\,max} = \frac{\Theta \cdot U \cdot \Omega^2}{4\,\eta^2 - 1} = \frac{U}{\left(\frac{4}{c} - \frac{1}{\Theta \cdot \Omega^2}\right)}.$$

Damit ergibt sich der tatsächliche Ungleichförmigkeitsgrad zu

$$(16) \qquad U_t = 4 \cdot \Delta\varphi_{max\,t} = \frac{-\,4\,A_1}{1 - 4\,\eta^2} = \frac{-\,U_g}{1 - 4\,\eta^2} = \frac{U_g}{\frac{4\,\Omega^2\,\Theta}{c} - 1}.$$

Die gleichen Ableitungen lassen sich für das räumliche Gelenkwellensystem durchführen, die im Ergebnis zu den gleichen Beziehungen für ε_t und U_t führen. Gl. (15) auf die Verhältnisse des Versuchsstandes angewandt, führt zu dem Ergebnis, daß das Beschleunigungsmoment für $D < 0{,}1$ und $\eta > 0{,}4$ (außer dem direkten Resonanzbereich; $\eta = 0{,}5$) aus der 2. Harmonischen berechnet werden kann.

Gl. (16) sagt aus, daß mit steigendem Abstimmungsverhältnis, d. h. steigendem Trägheitsmoment Θ und abnehmender Federsteife c, der tatsächliche Ungleichförmigkeitsgrad U_t geringer wird. Daraus ergibt sich die Berechtigung, das Beschleunigungsmoment direkt aus dem Produkt von Federsteife und Kardanfehler zu berechnen. Wenn die beiden Schwungmassen konstant umlaufen, wird der Kardanfehler als Wellenverdrehung aufgenommen.

Diese Verhältnisse legt Koch [25] in seiner Dissertation über die Verhältnisse an Drehgestell-Schienenfahrzeugen zugrunde. Die Berechnung der Beanspruchung aus einem Kardanfehler $\Delta\varphi_{max} = 30'$ hat, da sie nicht durch Messungen bestätigt wurde, nur theoretische Bedeutung. Dieser Wert kann bereits durch Fertigungs- oder Einbauungenauigkeiten auftreten.

Die Beziehung $M_{B\,max} = c \cdot \Delta\varphi_{max}$ ist für $\eta = 1{,}6$ mit einem Fehler von 10% behaftet, der bei $\eta = 3$ nur noch 2,8% beträgt (Abb. 8 u. 9).
Nach der Beziehung

$$(17) \qquad M_{B\,max} = c \cdot \Delta\varphi_{max} = c\,\frac{U_g}{4}$$

mit c als Parameter ergeben sich im Diagramm Geraden mit unterschiedlicher Steigung (Abb. 12). Die Meßpunkte erfüllen für $\eta > 1{,}6$ (beliebige Kombination von Θ und Ω) mit einem Fehler $< 10\%$ diese Beziehung. Als Beispiel für $\eta < 1{,}6$ sind die Werte für c_6 und $\eta = 0{,}9$ eingetragen, die um 53% über den nach Gl. (17) berechneten Werten liegen.

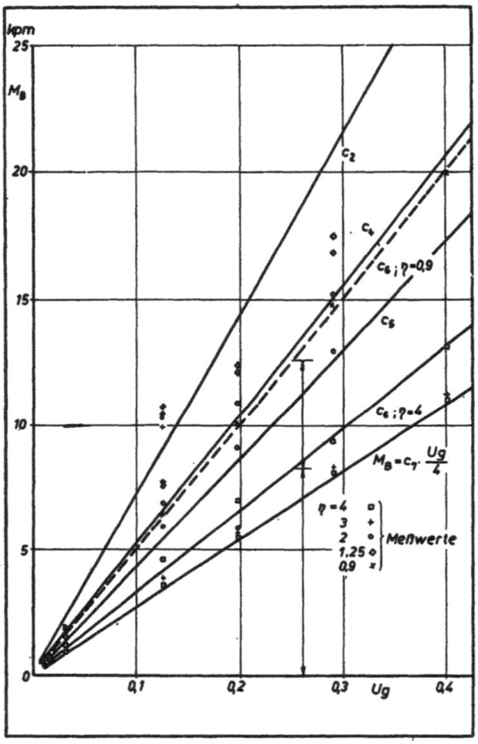

Bild 12: Errechnete Geraden $M_B = C \cdot \Delta\varphi_{\max} = c \cdot \frac{U_g}{4}$ und dazugehörige Meßwerte

2.2.3 Anwendung der Ergebnisse auf den Antrieb der Landmaschinen

Inwieweit sind nun diese vereinfachten Beziehungen bereits auf den Antrieb der Landmaschinen anwendbar? Eine Untersuchung der dynamischen Kennwerte von Landmaschinen ergibt folgende Aussage:

1. In der Federsteife des Antriebes ist immer die Federsteife der Traktorzapfwelle und der anschließenden Gelenkwelle enthalten. Je nach Maschinenart können sich weitere Kreuzgelenke, Wellen, Keilriemen und Antriebsketten anschließen. Aus der Summe aller Glieder ergibt sich eine relativ geringe Federsteife.

   Während für Wellen die Bestimmung der Drehfedersteife einfach ist, gibt es für Keilriemen und Ketten nur unzureichende Unterlagen. Einige Untersuchungen dazu zeigen, daß zur restlosen Klärung des Einflusses von Ketten und Keilriemen auf die zu übertragenden Drehmomente eingehende Untersuchungen erforderlich sind. Einige wesentliche Probleme dabei sind die nichtlineare Federkennlinie und die in Abhängigkeit von Umfangskraft und Vorspannung sich ständig in Amplitude und Frequenz ändernden Querschwingungen, die sich als Oberschwingungen erheblich auswirken können, vor allem aber einen nicht periodischen Verlauf der Beanspruchung bewirken und die Auswertung äußerst erschweren. So wurde festgestellt, daß ein Keilriemen im Antrieb, der nur einen geringen Anteil an der Gesamtfederkonstante hat, in diese mit einbezogen, noch verwertbare Meßergebnisse liefert. Anders dagegen eine Rollenkette, die infolge der Teilung hochfrequente Oberschwingungen, vor allem mit regellosen Amplitudenschwankungen zur Folge hat.

2. Die Landmaschinenantriebe sind in der Regel Mehrmassensysteme, wobei die Anordnung der Massen parallel und in Reihe möglich ist. Die Schwungmomente dieser Massen können sehr unterschiedliche Größe haben. Die Federsteife der Zwischenantriebe ist fast immer größer als die des Hauptantriebes. Spezielle theoretische Betrachtungen über die Erregung von Mehrmassensystemen infolge des Antriebes über Kreuzgelenke und in Verbindung mit nicht konstantem Arbeitswiderstand wurden im Rahmen dieser Untersuchungen durchgeführt, über die an anderer Stelle berichtet wird [30]. Nach den Gesetzen der Dynamik lassen sich Trägheitsmomente auf eine bestimmte Welle im Antrieb reduzieren und so in der weiteren Rechnung verwenden. Oft liegt auch der Fall vor, daß in den Landmaschinen ein oder zwei Organe mit sehr großen Trägheitsmomenten gegenüber anderen Elementen vorhanden sind und die gesamte Berechnung bestimmen. Dies sind z. B. Schwungräder, Dresch-, Häcksel- und Gebläsetrommeln. Bei Mähmesser- und Koppelgetrieben (Pressen) ist mit auf den Antrieb reduzierten veränderlichen Trägheitsmomenten zu rechnen. Ohne darauf näher einzugehen, läßt sich überschlägig feststellen, daß die Mähmesserschwingngen infolge der Zwischenschaltung von Schwungmassen in den Antriebsgliedern mit den Kreuzgelenken kaum noch wirksam werden. Die Bewegungsfrequenz der Preßgetriebe liegt z. Zt. bei 1/20···1/15 der Frequenz der 2. Harmonischen des Gelenkwellenantriebes und hat auf den Schwingungszustand bezüglich dieser Erregung keinen nennenswerten Einfluß.

3. Einen erschwerenden Einfluß auf die Untersuchungen übt das in jedem Antrieb vorhandene Übertragungsspiel aus. Spiel ist im Antrieb der Landmaschinen in den Kreuzgelenken, in Gelenkwellenanschlüssen, in Zahnradgetrieben und vor allem im Schiebeglied der Zwischenwelle vorhanden. Es ist teilweise größer als der auftretende Kardanfehler. Die Folge davon ist, daß im unbelasteten Zustand und bei nur geringem Reibmoment sich kein einheitlicher Schwingungszustand ausbildet, sondern es zu Teilschwingungen in bestimmten Abschnitten und zu Stoßbeanspruchungen bei Bewegungsumkehr kommt. Einen ähnlichen Einfluß übt ein im Antrieb vorhadener Freilauf aus, da er nur Momente in einer Richtung übertragen kann.

Die theoretischen Beziehungen haben aber Gültigkeit, wenn die Elemente durch einen Arbeitswiderstand so weit vorgespannt werden, daß keine Bewegungsumkehr erfolgen kann.

4. Der Dämpfungsgrad einer Anzahl untersuchter Schwingungszustände in Landmaschinen liegt im Bereich $D = 0{,}05 \cdots 0{,}1$. Diese Werte können außerhalb des Resonanzbereiches vernachlässigt werden.

5. Die am Anfang getroffene Feststellung, daß bei völlig starrem Antrieb die Elemente bereits bei einem sehr geringen Ungleichförmigkeitsgrad überlastet werden und die Belastung im unterkritischen und kritischen Bereich der 2. Harmonischen noch steigt, lassen bereits darauf schließen, daß die Landmaschinenantriebe im überkritischen Bereich arbeiten. Nur damit läßt sich die bei den hohen geometrischen Ungleichförmigkeiten auftretende relativ geringe Belastung erklären.
Die praktischen Messungen ergeben für die Zapfwellendrehzahl $n_z = 540\ \text{min}^{-1}$ Abstimmungsverhältnisse von $\eta = 2 \cdots 3$ und höher. Damit ist auch die Annahme begründet, die Belastung nach Gl. (17) zu berechnen.
Eine kurze Betrachtung dazu zeigt, welches Mindestträgheitsmoment oder reduzierte Trägheitsmoment sich im ungünstigsten Fall (als Feder sind nur Zapfwelle und Gelenkwelle vorhanden) auf der Maschineneingangswelle befinden muß, wenn die Abstimmung an der unteren Grenze ($\eta = 1{,}6$) liegt (Tab. 2).

Tabelle 2
Zusammenstellung der erforderlichen Trägheitsmomente für $\eta = 1{,}6$ und die Federkombination Zapfwelle—Gelenkwelle

Traktor	Drehfeder-steife der Zapfwelle c_T[kpm/rad]	Mittlere Drehfedersteife der Gelenkwelle c_G [kpm/rad]	$\frac{1}{c_{max}} = \frac{1}{c_T} + \frac{1}{c_G}$ c_{max} [kpm/rad]	$\Theta_{min} = \frac{c_{max} \cdot \eta^2}{\Omega^2}$ Θ_{min} [kpmcm s²]
RS 01/40	2240	840	611	49,2
RS 14/30	677	840	375	30,2
Zetor „Super“	789	840	407	32,8

Diese Größen von Θ_{min} werden bei den untersuchten Maschinen annähernd erreicht oder überschritten. Hinzu kommt, daß in fast allen Fällen die Gesamtfederkonstante durch die Antriebselemente z. T. noch erheblich verringert wird.
Für die angestrebte Erhöhung der Zapfwellendrehzahl auf $n_z = 1080\ \text{min}^{-1}$ erniedrigen sich die Werte auf

$$\Theta_{min\ RS\ 01/40} = 12{,}3\ \text{kpcms}^2 \quad \text{und} \quad \Theta_{min\ RS\ 14/30} = 7{,}5\ \text{kpcms}^2\,,$$

d. h. die Schwingungsverhältnisse werden wesentlich günstiger.

6. Der geometrische Ungleichförmigkeitsgrad ergibt sich im Antrieb der Landmaschinen aus der Hintereinanderschaltung mehrerer Kreuzgelenke. In der exakten Berechnung der geometrischen Beziehungen müßten die infolge der

Belastung zusätzlich auftretenden Verformungen der die Kreuzgelenke verbindenden Wellen berücksichtigt werden. Ein Vergleich zeigt, daß sowohl dieser Einfluß als auch die mit der Abwinklung verbundene Übersetzung der Federstreifen in den möglichen Bereichen der Abwinklung gegenüber den anderen, wesentlicheren Einflußgrößen vernachlässigbar sind.

7. Infolge freier Massenkräfte, die von Unwuchten und Gliedergetrieben herrühren, werden die Maschinen, deren Baugruppen und Teile zu Schwingungen angeregt. Die Energie zur Aufrechterhaltung dieser Schwingungen muß über die Antriebsorgane zugeführt werden und beeinfluß den Verlauf des Drehmomentes.

Unter diesen Voraussetzungen wurden die Beschleunigungsmomente in verschiedenen Landmaschinenantrieben als Funktion des Differenzwinkels und aus der Erregung durch die 2. Harmonische sowie unter Berücksichtigung der dynamischen Kennwerte errechnet. Die Meßwerte zeigen angesichts der vielen vernachlässigten Einflußfaktoren eine relativ gute (Abb. 14, 15 und Abb. 11, wenn nur das Wurfrad berücksichtigt wird) und teilweise eine unzureichende Übereinstimmung (Abb. 13 und Abb. 16 in den Fällen, wo die Häckseltrommel mit ihrem Kettenantrieb enthalten ist).

Die bei kleiner Ungleichförmigkeit vorhandene positive Abweichung (Abb. 14, 15, 16) ist auf die bei mehreren Kreuzgelenken infolge Fertigungs- und Einbaufehlern vorhandene zusätzliche Ungleichförmigkeit und auf den Einfluß der ungleichförmig rotierenden Zwischenwellen zurückzuführen. Auch treten infolge

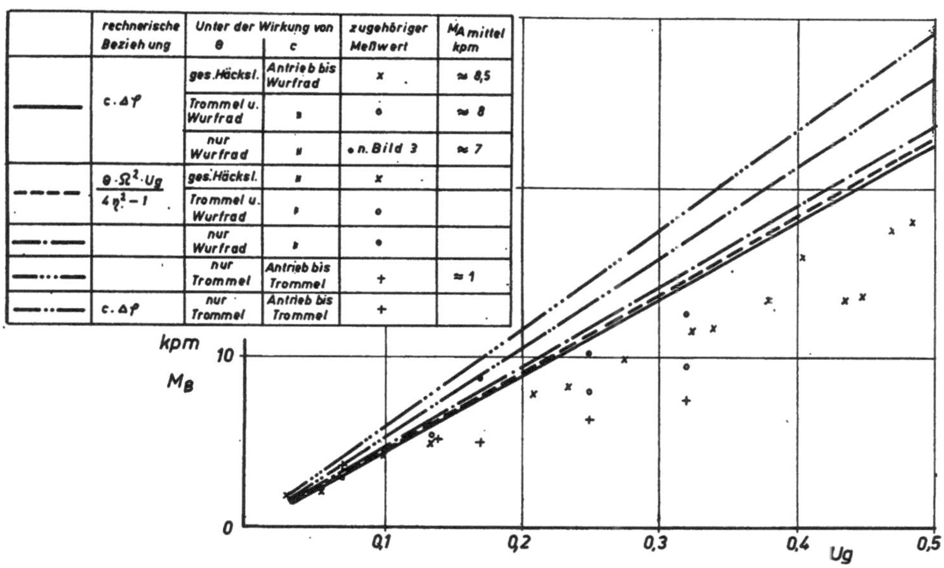

Bild 13: Beschleunigungsmoment M_B in Abhängigkeit vom Ungleichförmigkeitsgrad U_g für verschiedene Antriebsverhältnisse am Feldhäcksler E 065

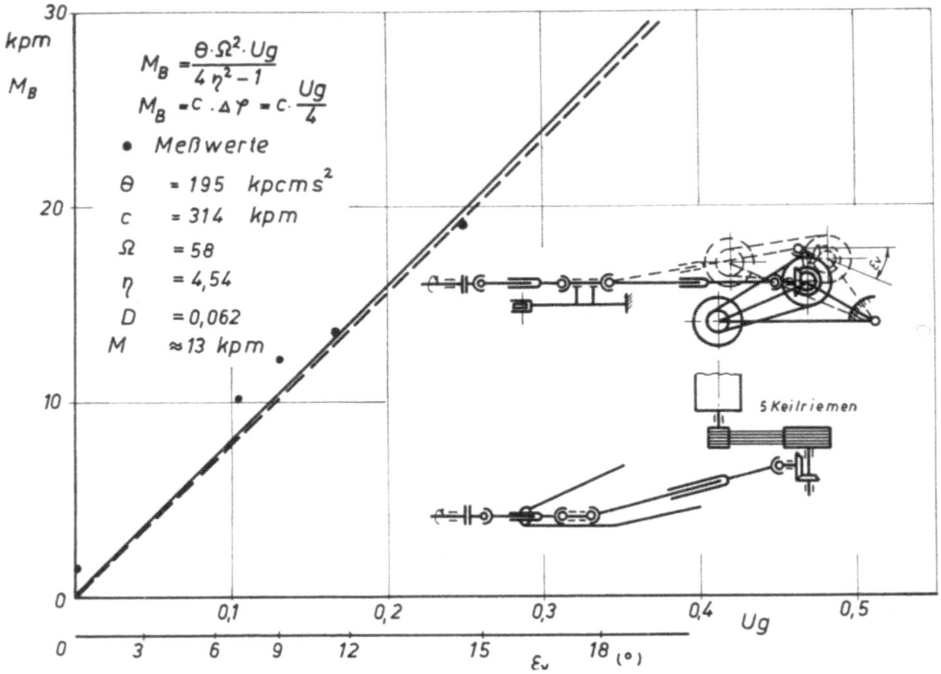

Bild 14: Beschleunigungsmoment M_B in Abhängigkeit vom Ungleichförmigkeitsgrad U_g für den Schlegelernter E 068. Die Ungleichförmigkeit ergibt sich hierbei aus dem Ablenkwinkel Σ_v im Antrieb des Schlegelernters bei den unterschiedlichen Einstellungen der Stoppelhöhe[1]

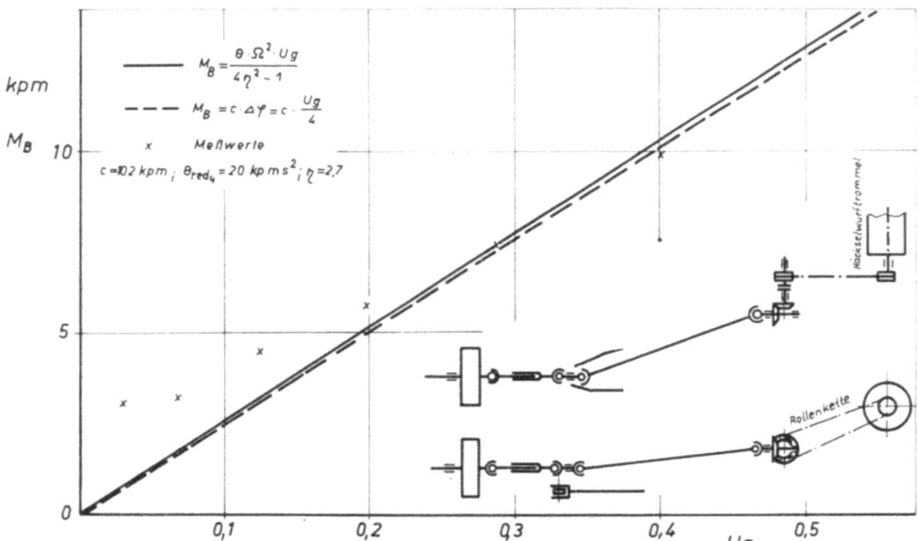

Abb. 15: Beschleunigungsmoment M_B in Abhängigkeit vom Ungleichförmigkeitsgrad U_g für den Feldhäcksler E 066

[1] Bild 14 ist bedauerlicherweise unvollständig: Die Kurvenausführung für M_B gilt wie in Abb. 15; die Dimension für Ω ist 1/s.

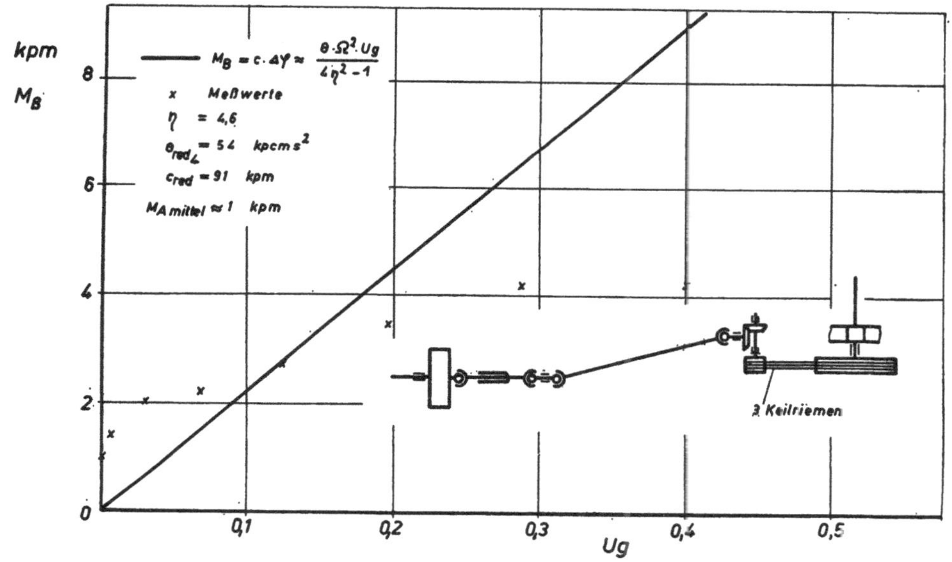

Abb. 16: Beschleunigungsmoment M_B in Abhängigkeit vom Ungleichförmigkeitsgrad U_g für die Hochdruckpresse K 441 (nur rotierende Teile)

der Schwingungen der gesamten Maschine gegenüber dem Antrieb ständige Lageänderungen im Gelenkwellentrieb auf.

Mit zunehmender Ungleichförmigkeit ist im Gegensatz zu Abb. 10 vor allem dann ein Abbiegen des gemessenen Kurvenverlaufes festzustellen, wenn nur ein geringes mittleres Antriebsmoment vorliegt (z. B. Aufsammelpresse K 441, Häckseltrommel des Feldhäckslers E 065). Die Meßwerte genügen der theoretischen Beziehung auch bei steigender Ungleichförmigkeit um so besser, je höher das mittlere Antriebsmoment ist, je geringer das Spiel ist und je klarer das Antriebssystem dem angenommenen Schwingungsmodell entspricht (Schlegeltrommel des Schlegelernters E 068, Wurftrommel des Feldhäckslers E 065, Häckselwurftrommel des Feldhäckslers E 066). Daraus läßt sich ableiten, daß Gln. (15) und (17) anwendbar sind, wenn das Antriebssystem im gesamten Schwingungszustand einseitig verspannt ist, d. h., wenn $M_A > M_B$. Im anderen Falle müßte sich die Belastung umkehren, was erst nach Überwindung des im Antrieb vorhandenen Spiels möglich ist.

2.2.4 Einfluß des in den Antriebsorganen vorhandenen Spieles

Eine genauere Untersuchung des Spieleinflusses auf das Beschleunigungsmoment wurde für die Verhältnisse am Versuchsstand durchgeführt. Erzwungene Schwingungen mit vorhandenem Spiel zwischen Masse und Federung gehören in die Gruppe der nichtlinearen Schwinger. Verfahren zu deren Lösung werden u. a. in [29], [23] und [24], speziell für die Spielschwingungen von [21] angegeben. Dabei wird immer von einem System mit harmonischer Erregung durch eine

äußere Kraft und $D = 0$ ausgegangen (Abb. 17a). Die einzigen von [21] angegebenen Versuchsergebnisse beziehen sich außerdem auf sehr große Verhältnisse von gemessener Amplitude zu vorgegebenem Spiel.
Für die Verhältnisse am Versuchsstand ergibt sich ein auf Linearschwingungen übertragenes Schwingungsmodell (Abb. 17b) mit harmonischer Erregung der Stützung [29] (nur die 2. Harmonische des Kreuzgelenkantriebes wird berücksichtigt) und $D = 0$. Zusätzlich kann eine konstante Kraft wirken (Abb. 17c). Der Meßschrieb bestätigt, daß ein relativ konstantes Bremsmoment vorlag, obwohl theoretisch ein der Schwinggeschwindigkeit proportionaler Reibwert möglich war.
Diese Schwingungsprobleme (Bild 17) sind in geschlossener Form nicht lösbar. Eine genaue Untersuchung würde den hier möglichen Umfang übersteigen. Die qualitative Auswertung der Meßergebnisse ist trotzdem gut möglich.

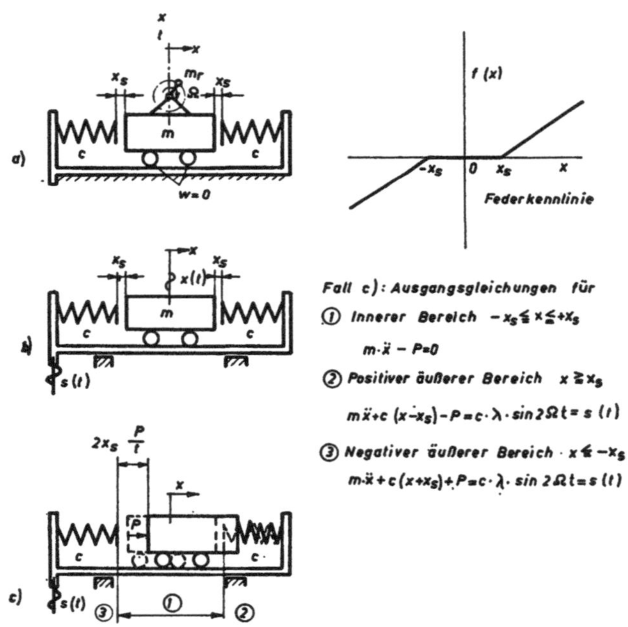

sich entsprechende Größe im

Linearen Schwingungssystem		Drehschwingungssystem	
s	cm	ψ	rad
x	cm	φ	rad
x_s	cm	φ_s	rad
c	kp/cm	c	kpcm/rad
m	kg	θ	kpcm s^2
P	kp	M_b	kpcm

Abb. 17: Schwingungsmodelle für erzwungene Schwingungen mit Spiel zwischen Feder und Masse

Berichtigung: Im Fall a gilt: $x = 0$, $t = 0$. Im Fall c ist die Größe $2\,x_s \cdot \frac{P}{t}$ durch $2\,x_s + \frac{P}{c}$ zu ersetzen.

In Abb. 18 ist analog zu Abb. 12 der nach Gl. (17) errechnete Verlauf des Beschleunigungsmomentes in Abhängigkeit vom Ungleichförmigkeitsgrad dargestellt. Für das Spiel $s = 0$ genügen die Meßpunkte der Beziehung $M_B = c \cdot U_g/4$. Diese Ergebnisse sind unabhängig vom eingeleiteten Bremsmoment. Ist der Antrieb mit Spiel behaftet, so kann sich bei $M_b = 0$ und bei dem infolge der

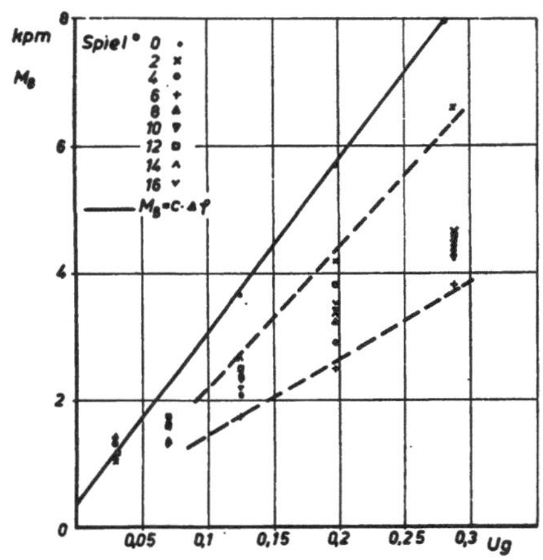

Bild 18: Beschleunigungsmoment M_B in Abhängigkeit vom Ungleichförmigkeitsgrad U_g und Spiel zwischen Feder und Masse (Meßwerte)

Lager- und Dichtringreibung in der Kühleinrichtung der Bremstrommel immer vorhandenen geringen Bremsmoment von 0,25···0,5 kpm bereits bei geringer Ungleichförmigkeit die Schwungmasse vom Antrieb lösen. Die Schwungmasse wird periodisch mit der ansteigenden Winkelbeschleunigung vorwärtsbewegt, mit fallender Beschleunigung aber nur über das Reibmoment verzögert. Dadurch kommt es im Antrieb zu erheblichen Klappergeräuschen, aber auch zu einem geglätteten Verlauf des Antriebsmomentes, d. h. die Beschleunigungsmomente werden geringer.

Bei einem Spiel von 2°, bei höheren Ungleichförmigkeiten auch noch von 4°, ist eine Umkehr des Beschleunigungsmomentes möglich (Abb. 19), während für die untersuchten Fälle bei 6° nur noch eine einseitige Belastung auftritt. Die geringe Erhöhung der Werte für Spiel $> 6°$ ist zunächst nicht zu erklären. Allerdings sind von vornherein größere Streuungen der Meßwerte zu erwarten, da nicht nur im Zeitabschnitt des Antriebes der Schwungmasse, sondern auch bei vom Antrieb gelöster Schwungmasse die Antriebselemente ein Schwingungssystem darstellen, im letzten Fall weit im unterkritischen Bereich. Dies hat zur Folge, daß der Stoß in unterschiedlichen Phasenlagen der Schwinger erfolgen kann.

Die Vermutung, daß infolge der Stoßvorgänge eine Erhöhung der Momentenspitzen auftreten könne, bestätigte sich für den untersuchten Bereich nicht. Bei vorhandenem Spiel ergab sich immer ein Abbau der Momentenspitzen im Antrieb. Das schließt nicht aus, daß es im Bereich der Stoßflächen örtlich zu erhöhten Belastungen kommen kann. Diese werden aber infolge der Trägheit und Elastizität der Elemente abgebaut.

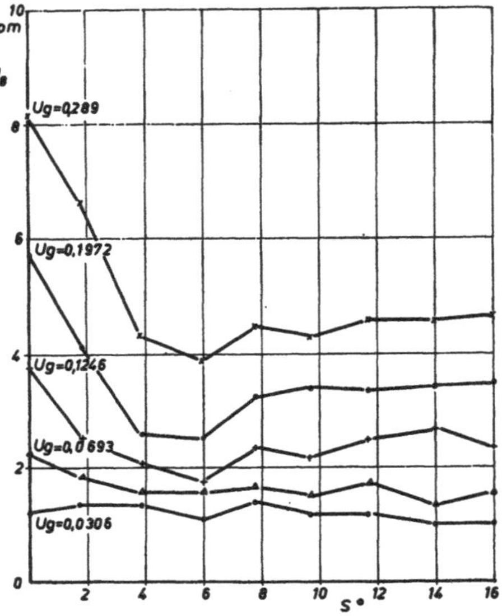

Bild 19: Beschleunigungsmoment M_B in Abhängigkeit vom Spiel S und Ungleichförmigkeitsgrad U_g (Meßwerte)

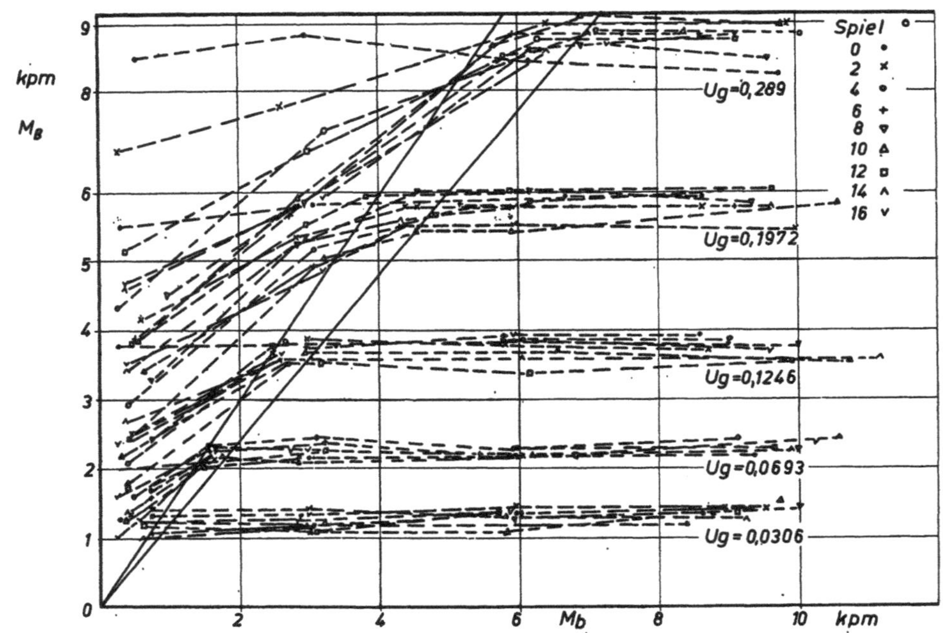

Bild 20: Beschleunigungsmoment M_B in Abhängigkeit vom Bremsmoment M_b und Ungleichförmigkeitsgrad U_g

Der Einfluß des Spiels kann durch ein eingeleitetes Brems- oder Arbeitsmoment herabgesetzt oder aufgehoben werden (Abb. 20). Mit steigendem Bremsmoment ist ein höherer Ungleichförmigkeitsgrad erforderlich, um die Schwungmasse vom

Antrieb zu lösen. Für die zur Abszisse parallelen Kurvenabschnitte gelten die Gesetze des Antriebes ohne Spiel. Im Bereich des Spieleinflusses treten starke Klappergeräusche auf, die an der Knickstelle der Kurven verschwinden. Anhand des von Bremsmoment und Ungleichförmigkeit abhängigen Knicks in den Kurvenverläufen lassen sich die ähnlichen Erscheinungen im Verlauf der Meßpunkte der untersuchten Maschinen (Abb. 13···16) erklären.

3. Schlußfolgerungen

Trotz der vielen Einschränkungen, die sich aus dem komplizierten dynamischen Aufbau der Landmaschinen ergeben, können aus den Ergebnissen folgende Schlußfolgerungen gezogen werden:

1. Infolge der über die im Antrieb vorhandenen Kreuzgelenke eingeleiteten Ungleichförmigkeit ist es zweckmäßig, die Landmaschinenantriebe so auszulegen, daß die Hauptorgane mit den Antriebsgliedern in einem Abstimmungsbereich der 2. Harmonischen von $\eta > 1{,}5$ arbeiten. Dadurch lassen sich die Beanspruchungen, die aus dem Gelenkwellenantrieb resultieren, auf ein Mindestmaß senken. Ergibt sich bei der funktionsgerechten Konstruktion nicht der gewünschte Abstimmungsbereich, so besteht die Möglichkeit, durch den Einbau drehelastischer Elemente in den Antrieb, die Federsteife des Systems zu beeinflussen [32; 27; 30]. Die beabsichtigte Erhöhung der Zapfwellendrehzahl der Traktoren wirkt sich in dieser Hinsicht ebenfalls günstig aus. Die Forderung nach Leichtbau ist auf die Gestaltung der rotierenden Massen, die die Hauptschwungmassen im Antrieb darstellen, sehr kritisch anzuwenden. Ein der Berechnung klar zugänglicher dynamischer Aufbau des Antriebes ist anzustreben. Der Antrieb sollte einen relativ weichen Aufbau besitzen, geringe Trägheitsmomente enthalten und durch ein darauf abgestimmtes Trägheitsmoment abgeschlossen werden.
2. Das im Antrieb der Landmaschinen vorhandene Spiel wirkt sich im Zusammenhang mit dem ungleichförmigen Antrieb über Kreuzgelenke nicht schädlich auf die Belastung des Antriebssystems aus. Aussagen über örtlich auftretende Belastungen im Bereich der Stoßpaarung (z. B. Zahnflanken) können daraus nicht gezogen werden. Ähnliche Auswirkungen hat ein im Antrieb vorhandener Freilauf [26].
3. Unter den genannten Bedingungen läßt sich das Beschleunigungsmoment aus den Beziehungen

$$M_B = \frac{\Theta \cdot \Omega^2 \cdot U_g}{4\,\eta^2 - 1} \approx c \cdot \Delta\varphi \approx c\,\frac{U_g}{4}\,.$$

berechnen. Wird zugelassen, daß sich einem mittleren Antriebsmoment einer Maschine ein Beschleunigungsmoment von bestimmter Größe überlagert, so läßt sich daraus die zulässige Ungleichförmigkeit ermitteln. Danach können über die geometrischen Beziehungen die zulässigen Toleranzen für die Zuordnung der Anschlußpunkte von Traktor und Maschine festgelegt werden.

4. Zusammenfassung

Ausgehend von den geometrischen Beziehungen des Antriebes über Kreuzgelenke werden die dynamischen Belastungen der Antriebsglieder in den Landmaschinen untersucht. Neben theoretischen Betrachtungen wurden Messungen des Drehmomentes an einem Versuchsmodell und an typischen Maschinenantrieben durchgeführt, sowie deren dynamische Kennwerte ermittelt. Die Untersuchung des dynamischen Aufbaus der Maschine führt zu dem Schluß, daß das Beschleunigungsmoment aus den dynamischen Kennwerten des Antriebes und dem geometrischen Ungleichförmigkeitsgrad unter Vernachlässigung der Dämpfung und der höheren Harmonischen, oder direkt aus dem Produkt von Federsteife und Kardanfehler berechnet werden kann und, daß solche Verhältnisse konstruktiv anzustreben sind.

Es wird festgestellt, daß im Antrieb vorhandenes Übertragungsspiel sich bei entsprechendem Verhältnis von Arbeitswiderstand und Ungleichförmigkeitsgrad auf einen Abbau der Belastungsspitzen auswirkt.

Выводы

Исходя из геометрических закономерностей карданного привода исследуются динамические нагрузки приводных элементов сельскохозяйственных машин. Наряду с теоретическими соображениями проводились измерения крутящего момента в опытном образце и в типичных машинных приводах и определялись их динамические характеристики. Исследование динамики машины доказывает возможность определения момента ускорения двумя методами: из динамических характеристик привода и коэффициента кинематической неравномерности, без учета затухания и высших гармоник, или непосредственно из произведения коэффициентов жесткости пружины и погрешности карданного привода.

Доказывается, что при соответствующем соотношении между рабочим сопротивлением и коэффициентом кинематической неравномерности снижяются пики нагрузки за счет зазоров в передаче привода.

Summary

The dynamic loads imposed upon driving components in agricultural machinery are studied for the geometrical relations of the knuckle joint drive. Theoretical considerations were accompanied by engine torque measurements in a test model as well as in typical machine drives with their dynamic characteristics being determined. Studies with regard to the dynamic structure of the machine give rise to the conclusion that the moment of acceleration may be calculated either from both the dynamic characteristics of the drive and degree of geometrical irregularity with attenuation and higher harmonics being neglected or directly from the product of spring rigidity and Cardan errors. Such conditions are desirable for design.

Transmission backlash in the drive was found to reduce peaks of load if a proper relationship between working resistance and degree of irregularity was given.

Literaturverzeichnis

a) Vorwiegend zu Fragen der Kinematik und des statischen Gleichgewichts der Belastungen

[1] BUCHMANN, W. u. R. WAGNER: Unbedingt wirksamer Schutz und gleichzeitige Standardisierung: Die Gelenkwelle mit Schutz nach TGL 7884. Deutsche Agrartechnik, Berlin (1960), S. 275—277

[2] DIETZ, H.: Die Übertragung von Momenten im Kreuzgelenk. Zeitschr. VDI, Düsseldorf (1938), S. 825—828; Zeitschr. VDI, Düssledorf (1939), S. 508

[3] GROSSMANN, K. H.: Die Momente im Kreuzgelenk. Schweizer Bauzeitung (1939), S. 27

[4] GUIMBRETIERE, M.: Les Transmissions A Cardan Dans le Machinisme Agricole. Motorisat. agric. (1959), S. 33

[5] HABEL, R.:Kräfte an Kreuzgelenkwellen. Maschinenbautechnik, Berlin (1950), S. 289—296

[6] ILERI, H.: Ein Beitrag zur Kinematik des Kreuzgelenkes. Konstruktion, Berlin (1958), S. 431—435

[7] KUTZBACH, K.: Quer- und winkelbewegliche Wellenkupplungen. Kraftfahrt-Forsch.-Arb., Berlin, VDI-Verlag (1937), H. 6, S. 1—25

[8] MEYER ZUR CAPELLEN, W.: Das Kreuzgelenk als periodisches Getriebe. Werkstatt und Betrieb, München (1958), S. 435—444

[9] NÄGELE, K. F.: Ungleichförmigkeit von Kreuzgelenkübertragungen. Zeitschrift VDI, Düsseldorf (1930), S. 506—508

[10] REICHEL, H.: Über die Anordnung der Gelenkwelle zwischen Schlepper und Landmaschine. Deutsche Agrartechnik, Berlin (1960), S. 373—376

[11] REICHEL, H.: Die betriebsbedingte Lage der Gelenkwelle zwischen Schlepper und Landmaschine. Deutsche Agrartechnik, Berlin (1963), S. 81—84

[12] REINECKE, W.: Bewegungsverhältnisse bei Kardangelenken. ATZ, (1930), S. 530

[13] REINECKE, W.: Konstruktionsrichtlinien für die Auslegung von Gelenkwellenantrieben. MTZ (1958), S. 349—352 und 421—425

[14] REUTHE, W.: Untersuchung von Kreuzgelenken auf ihre Bewegungsverhältnisse, Belastungsgrenzen und Reibungsverluste. Dissertation TH Berlin 1944 oder Konstruktion, Berlin (1949) H. 7, S. 206—211; H. 8, S. 234—235; (1950), H. 10, S. 205—312

[15] SAHMEL: Kinematische Untersuchungen an der Kreuzgelenkkupplung. Glasers Annalen, Berlin (1950), S. 161

[16] SPIESS, R.: Kardangelenke zur Übertragung gleichförmiger Bewegung. Fördertechnik (1936), S. 289—296

[17] WIELAND, G.: Kardanfehler bei Kreuzgelenken und Gelenkwellen und Mittel zu ihrer Beeinflussung. Glasers Annalen (196), S. 19—24

[18] Katalog des VEB Gelenkwellenwerk Stadtilm

[19] Katalog der Fa. Walterscheid, Siegburg

b) Vorwiegend zu Fragen der Antriebsdynamik

[20] BÖHM, F.: Schwingungsbeanspruchungen von Kardanwellen in Lokomotiv-Drehgestellen. Maschinenbau und Wärmewirtschaft (1957), S. 153

[21] BUCHHOLD, W.: Erzwungene Schwingung bei vorhandenem Spiel zwischen Masse und Federung. Dissertation TH Darmstadt 1933

[22] GÖSSEL, N.: Einbau, Beanspruchung und Versuchsergebnisse von Gelenkwellenantrieben in Lokomotiven und Triebwagen. Eisenbahntechnische Rundschau (1964), S. 421—432

[23] HOLZWEISSIG, F.: Maschinendynamik. Lehrbriefe für das Fernstudium an der TU Dresden, VEB Verlag Technik, Berlin 1963

[24] KLOTTER, K.: Technische Schwingungslehre Bd. 1, Abschnitt: Erzwungene Schwingungen mit nicht linearer Kennlinie, Springer-Verlag, Berlin 1951
[25] KOCH, R.: Untersuchungen räumlicher Gelenkwellensysteme von Drehgestell-Schienenfahrzeugen beim Bogenlauf. Dissertation TH Darmstadt 1958 oder Glasers Annalen, (1960), S. 120 oder Dokumentationsdienst der Deutschen Bundesbahn Frankfurt/Main, Karlstr. 4
[26] SOUCEK, R.: Zur Frage des Freilaufes in Landmaschinen. Deutsche Agrartechnik, Berlin (1963), S. 442—447
[27] STÜBNER, K. u. W. RÜGGEN: Gelenkwellen, besonders drehelastische Gelenkwellen, ihre Bedeutung, Konstruktion und Einsatz. Industrieblatt, Stuttgart (1962), S. 188—198
[28] WÄCHTER, A.: Gelenkwellenantriebe für Trieb-Drehgestelle. Deutsche Eisenbahntechnik (1957), S. 309
[29] WEIGAND, A.: Einführung in die Berechnung mechanischer Schwingungen. Bd. I, S. 18 und 54—68, VEB Verlag Technik, Berlin 1959
[30] WINTER, R.: Einbau von verdrehweichen Elementen im Gelenkwellenantrieb. Diplomarbeit, TU Dresden, Institut für Landmaschinentechnik, 1962 (unveröffentlicht)
[31] WINTERGERST, S.: Dreh- und Biegeschwingungen in Kardanwellen. Forschung auf dem Gebiet des Ingenieurwesens (1942), S. 213
[32] Shock Absorber for Drives. Agricult Engng., St. Joseph/Mich. (1962), H. 10, S. 596

DEUTSCHE DEMOKRATISCHE REPUBLIK
DEUTSCHE AKADEMIE DER LANDWIRTSCHAFTSWISSENSCHAFTEN
ZU BERLIN

INSTITUT FÜR LANDWIRTSCHAFTLICHE INFORMATION
UND DOKUMENTATION

Gesamtverzeichnis der laufenden Zeitschriften im Bereich der Deutschen Akademie der Landwirtschaftswissenschaften zu Berlin

(Stand: 31. Dezember 1964)

Das Zeitschriftenverzeichnis soll einerseits die Funktion eines Gesamtverzeichnisses der im Bereich der Deutschen Akademie der Landwirtschaftswissenschaften zu Berlin (DAL) vorhandenen laufenden Periodica erfüllen, andererseits als Hilfsmittel für die Benutzer des Landwirtschaftlichen Zentralblattes (LZ) bzw. des Dokumentationsdienstes Agrarökonomik (DDA) dienen.

Das Verzeichnis weist über 3200 Titel laufender Fachzeitschriften, Fachzeitungen und Zeitschriften ähnlicher Reihen nach.

Preis: 10,— MDN

Bestellungen erbeten direkt an das

Institut für
Landwirtschaftliche Information und Dokumentation
(ILID)
108 Berlin
Krausenstr. 38/39

81029

LITERATURSTUDIEN ZUR ERMITTLUNG DES WISSENSCHAFTLICH-TECHNISCHEN HÖCHSTSTANDES

Bei Fragen zur Produktsicherheit wenden Sie sich bitte an:
If you have any questions regarding product safety,
please contact:

Walter de Gruyter GmbH
Genthiner Straße 13
10785 Berlin
productsafety@degruyterbrill.com